走进大学
DISCOVER UNIVERSITY

什么是
网络安全？

WHAT IS
CYBERSPACE SECURITY?

杨义先 钮心忻 著

大连理工大学出版社
Dalian University of Technology Press

图书在版编目(CIP)数据

什么是网络安全？/ 杨义先，钮心忻著. -- 大连：大连理工大学出版社，2025.3. -- ISBN 978-7-5685-5253-0

Ⅰ．TP393.08-49

中国国家版本馆CIP数据核字第2024XV2132号

什么是网络安全？ SHENME SHI WANGLUO ANQUAN？

出 版 人：苏克治
策划编辑：苏克治
责任编辑：王　伟
责任校对：李舒宁
封面设计：奇景创意

出版发行：大连理工大学出版社
　　　　　（地址：大连市软件园路80号，邮编：116023）
电　　话：0411-84707410　0411-84708842(营销中心)
　　　　　0411-84706041(邮购及零售)
邮　　箱：dutp@dutp.cn
网　　址：https://www.dutp.cn

印　　刷：辽宁新华印务有限公司
幅面尺寸：139mm×210mm
印　　张：5.75
字　　数：95千字
版　　次：2025年3月第1版
印　　次：2025年3月第1次印刷
书　　号：ISBN 978-7-5685-5253-0
定　　价：39.80元

本书如有印装质量问题，请与我社营销中心联系更换。

出版者序

高考,一年一季,如期而至,举国关注,牵动万家!这里面有莘莘学子的努力拼搏,万千父母的望子成龙,授业恩师的佳音静候。怎么报考,如何选择大学和专业,是非常重要的事。如愿,学爱结合;或者,带着疑惑,步入大学继续寻找答案。

大学由不同的学科聚合组成,并根据各个学科研究方向的差异,汇聚不同专业的学界英才,具有教书育人、科学研究、服务社会、文化传承等职能。当然,这项探索科学、挑战未知、启迪智慧的事业也期盼无数青年人的加入,吸引着社会各界的关注。

在我国，高中毕业生大都通过高考、双向选择，进入大学的不同专业学习，在校园里开阔眼界，增长知识，提升能力，升华境界。而如何更好地了解大学，认识专业，明晰人生选择，是一个很现实的问题。

为此，我们在社会各界的大力支持下，延请一批由院士领衔、在知名大学工作多年的老师，与我们共同策划、组织编写了"走进大学"丛书。这些老师以科学的角度、专业的眼光、深入浅出的语言，系统化、全景式地阐释和解读了不同学科的学术内涵、专业特点，以及将来的发展方向和社会需求。希望能够以此帮助准备进入大学的同学，让他们满怀信心地再次起航，踏上新的、更高一级的求学之路。同时也为一向关心大学学科建设、关心高教事业发展的读者朋友搭建一个全面涉猎、深入了解的平台。

我们把"走进大学"丛书推荐给大家。

一是即将走进大学，但在专业选择上尚存困惑的高中生朋友。如何选择大学和专业从来都是热门话题，市场上、网络上的各种论述和信息，有些碎片化，有些鸡汤式，难免流于片面，甚至带有功利色彩，真正专业的介绍尚不多见。本丛书的作者来自高校一线，他们给出的专业画像具有权威性，可以更好地为大家服务。

二是已经进入大学学习，但对专业尚未形成系统认知的同学。大学的学习是从基础课开始，逐步转入专业基础课和专业课的。在此过程中，同学对所学专业将逐步加深认识，也可能会伴有一些疑惑甚至苦恼。目前很多大学开设了相关专业的导论课，一般需要一个学期完成，再加上面临的学业规划，例如考研、转专业、辅修某个专业等，都需要对相关专业既有宏观了解又有微观检视。本丛书便于系统地识读专业，有助于针对性更强地规划学习目标。

三是关心大学学科建设、专业发展的读者。他们也许是大学生朋友的亲朋好友，也许是由于某种原因错过心仪大学或者喜爱专业的中老年人。本丛书文风简朴，语言通俗，必将是大家系统了解大学各专业的一个好的选择。

坚持正确的出版导向，多出好的作品，尊重、引导和帮助读者是出版者义不容辞的责任。大连理工大学出版社在做好相关出版服务的基础上，努力拉近高校学者与

读者间的距离,尤其在服务一流大学建设的征程中,我们深刻地认识到,大学出版社一定要组织优秀的作者队伍,用心打造培根铸魂、启智增慧的精品出版物,倾尽心力,服务青年学子,服务社会。

"走进大学"丛书是一次大胆的尝试,也是一个有意义的起点。我们将不断努力,砥砺前行,为美好的明天真挚地付出。希望得到读者朋友的理解和支持。

谢谢大家!

苏克治
2021 年春于大连

前　言

俗话说："男怕入错行，女怕嫁错郎。"在男女平等的今天，其实男女都同样怕入错行！

对刚刚"金榜题名"的高中生来说，如何才能有效避免入错行呢？答案是：选对即将报考的大学专业！一旦入学，若想再转换专业，就非常困难了。就算在一年后有幸成功转入了新专业，曾经的优势也可能早已消耗殆尽，从而输在了起跑线上。

教育部2024年公布的《普通高等学校本科专业目录》包括93个专业类、816种专业，大多数人初看可能都会一头雾水，难以选出自己的最爱。不过，如果读者已结合自己的考分、城市偏好、大学偏好等非专业因素，将专

业范围圈定在了热门的计算机类18个本科专业中,那么本书就可以派上大用场了。

准确地说,面对这18个热门的计算机类专业,本书将有助于学子和家长了解并决定是否选择信息安全(080904K)、网络空间安全(080911TK)、保密技术(080914TK)、密码科学与技术(080918TK)这4个网络安全类本科专业中的某个专业,为保卫越来越复杂的信息边疆发挥自己的聪明才智,继而收获学业和事业的成功,体现自身的人生价值。

细心的学子和家长也许已经注意到,在18个计算机类专业中,本书所涉及的4个网络安全类本科专业比较特别:它们的专业代码中都有字母"K"。除了信息安全专业(080904K),其他3个专业的代码还同时带有"K"和"T"的字样。这是什么意思呢?

原来,字母"K"代表它们是国家控制布点专业,其专业性非常强,社会需求非常大,对大学师资和毕业生的要求都非常高。于是,为与一般专业区分开,教育部便通过"K"来提升相关专业的招生准入门槛,确保尽可能多的毕业生都能成为国家的网络安全精英,成为对付黑客的高手。至于4个网络安全类专业中的3个带"T"的专业,官方对它们的解释为:"为适应近年来人才培养特殊需求而设置的专业,是新兴的、特色鲜明的、具有广阔发展潜力的专业。"

聪明的学子和家长应该已明白:基于上述"K"和"T"的含义,网络安全类本科专业可以服务于几乎所有新质生产力,并将迅速成为国民经济八大行业和党政军系统等核心领域的不可或缺的宠儿。因此,这些专业的学生自然不必担心毕业后的就业前景,只需在大学四年中一门心思学好真本领就行了。

更细心的学子和家长也许还会追问:这些网络安全类本科专业中,到底哪个更重要呢?其实网络安全类专业的最终目标其实都是相同的,都是确保各类信息网络系统的安全,使合法利益不受侵害。在许多情况下,它们甚至都难分彼此,毕竟安全问题非常广泛,需要从不同的方面加以研究和解决,难怪这些专业授予的学士学位横跨了管理学、理学和工学三大门类。

知己知彼,百战百胜。相信各位学子和家长都已"知己",本书则努力让你们"知彼",即带你们深入而系统地了解网络安全类的全部 4 个本科专业。既回顾网络安全的昨日辉煌,也彰显它们的今日灿烂,更展望其明日美好。

必须承认,两位笔者是怀着对网络安全的深厚感情来撰写本书的。毕竟,笔者与这4个本科专业都有很深的历史渊源。比如,第一作者杨义先是我国首位以密码学为题获得博士学位的毕业生,当时(1988年)密码学还未列入教育部的专业目录。又比如,第一作者还是教育部设置网络空间安全一级学科的八位论证专家之一,与其他专家、院士一起,经过十余年的不懈努力,终于在2018年使"网络空间安全"正式成为一级学科,并在2020年列入教育部本科专业目录。接着,两位笔者领衔,使北京邮电大学一举成为国内首批开设网络空间安全学科和专业的高校。此外,早在2002年,两位笔者就于北京邮电大学共同创办了信息安全专业,并在2007年率先获批"国家级特色专业建设点",使北京邮电大学成为国内首批开办此专业的高校。总之,过去近四十年来,两位笔者把主要精力都投入了网络安全类专业的教学和科研活动中,培养出了一大批优秀的网络安全领军人才。

虽然我们渴望更多的青年才俊加盟网络安全事业,虽然我们并不回避自己对网络安全的偏爱,但在本书的写作中,笔者仍然竭力保持公正态度,力图对网络安全类专业进行尽可能全面、客观的介绍。

人生漫漫路,关键就几步。高考的专业选择,便是这极为关键的几步之一。本书若能在这方面对学子和家长有所帮助,笔者将十分欣慰。本书若还能帮助网络安全专业的大学生尽快进入最佳学习状态,笔者将更加欣喜;毕竟,成功的本科学业,也是人生的另一个关键一步。

本书还有一个重要目的,那就是为网络安全做一次全民科普。因此,本书的读者并不限于学子和家长。毕竟,任何人都可能成为黑客的攻击目标,任何人都需要懂得一些网络安全的基本知识,以便更好地保护自身利益,不至于成为黑客的牺牲品。

网络安全为人民,当然也为读者您;网络安全靠人民,当然也靠读者您!

由于笔者水平有限,本书可能存在不少缺陷,欢迎大家批评指正。谢谢!

杨义先　钮心忻
2025 年 3 月
于北京温泉茅庐

目 录

创业：网络安全的前世今生 / 1

保密通信那点事儿 / 1

伊尹首开谍报战 / 2

姜太公发明阴书 / 4

斯巴达置换密码 / 6

恺撒的替换密码 / 8

世界大战的密码里程碑 / 10

一战与密码博弈 / 10

密码拖美入一战 / 13

罕见土语当密码 / 16

一战催生一次一密 / 18

密码提前结束二战 / 21
二战英德密码博弈 / 23
二战美日密码博弈 / 25

现代密码里程碑 / 27
密码催生计算机 / 28
密码民用规模化 / 30
公钥密码创奇迹 / 33
现代密码的特色 / 35

网络安全的典型案例 / 37
计算机病毒案例 / 37
互联网安全案例 / 39
物联网安全案例 / 40
大数据泄密案例 / 42

事业：安全对抗的攻防技巧 / 44

强弱悬殊的攻防技巧 / 45
加密解密与瞒天过海之计 / 45
木桶原理与围魏救赵之计 / 46
计算机病毒与借刀杀人之计 / 48
逻辑炸弹与以逸待劳之计 / 49
舆情引导与趁火打劫之计 / 51

隐写技术与声东击西之计 / 53

势均力敌的攻防技巧 / 54

电信诈骗与无中生有之计 / 54
后门漏洞与暗度陈仓之计 / 56
态势感知与隔岸观火之计 / 58
利诱骗局与笑里藏刀之计 / 59
拒服攻击与李代桃僵之计 / 61
系统漏洞与顺手牵羊之计 / 62

以攻为守的攻防技巧 / 64

网络扫描与打草惊蛇之计 / 65
数据恢复与借尸还魂之计 / 66
蜜罐技术与调虎离山之计 / 68
勒索病毒与欲擒故纵之计 / 70
网络欺骗与抛砖引玉之计 / 71
智能跟踪与擒贼擒王之计 / 73

敌友难分的攻防技巧 / 74

安全管理与釜底抽薪之计 / 74
数据挖掘与浑水摸鱼之计 / 76
灾备技术与金蝉脱壳之计 / 78
入侵检测与关门捉贼之计 / 80
内外兼顾与远交近攻之计 / 81

高威攻击与假道伐虢之计 / 83

资源对换的攻防技巧 / 85

认证技术与偷梁换柱之计 / 85

社会工程与指桑骂槐之计 / 87

动机诱惑与假痴不癫之计 / 89

信息控制与上楼去梯之计 / 91

免疫防御与树上开花之计 / 92

身份盗用与反客为主之计 / 94

反败为胜的攻防技巧 / 95

投其所好与美人计 / 95

认知博弈与空城计 / 96

木马软件与反间计 / 98

思维定式与苦肉计 / 100

联动机制与连环计 / 101

物理隔离与走为上计 / 103

专业：网络安全的知识图谱 / 105

网络安全的本科专业体系 / 106

从解读专业代码开始 / 108

网络安全专业的缘起 / 110

网络安全的学科底蕴 / 112

网络安全的跨界机会 / 116
　网络安全的其他支撑体系 / 118
　　网络安全的法律支撑体系 / 118
　　网络安全的立体防御体系 / 120
　　网络安全的需求体系演进 / 122
　　网络安全本科生需要什么 / 125

就业：保驾护航新质生产力 / 128
　重要行业的人才刚需概况 / 129
　　国防建设对网络安全人才的需求 / 129
　　公共安全对网络安全人才的需求 / 130
　　电子政务对网络安全人才的需求 / 131
　　电子商务对网络安全人才的需求 / 132
　网络安全类专业的整体就业前景 / 133

功业：网络安全的红黑代表 / 135
　图灵——二战密码破译立首功 / 135
　香农——现代密码学奠基者 / 138
　阿桑奇——维基解密创始人 / 141

伟业：展望未来的机会挑战 / 143
　网络安全的高峰等你攀 / 143
　　安全统一理论待探究 / 144

网络攻防行为待预测 / 145

社会工程空白待填补 / 147

人工智能安全新问题 / 149

参考文献 / 151

跋 / 153

"走进大学"丛书书目 / 157

创业:网络安全的前世今生

千里之堤,溃于蚁穴。

——陆游

网络安全的创业故事很长,很长……

起初,网络还只是无形的人际网,网中传递的信息还只是口耳相传的话语,或写在书简上的文字。起初,网络安全的重点还只是网中信息的保密问题。所以,本书故事开始于保密通信那点事儿。

▶▶保密通信那点事儿

保密通信那点事儿嘛,既简单又复杂。

说它简单,是因为它主要涉及矛和盾两方面。一方面,需要确保己方的保密信息不被对方截获;另一方面,

需要有效截获对方的保密信息。

说它复杂,是因为从人类文明之初至今,在各类博弈活动中,保密通信始终都是各方力争的焦点,各种手段在此演绎得眼花缭乱,各种传奇在这里经久不息。

早在3 600年前,黑客的"老祖宗"就以间谍的形式粉墨登场了。

➡➡伊尹首开谍报战

从古至今,获取敌方保密信息的最有效办法之一,可能就是培养和启用间谍。难怪至今各国媒体都会经常报出"某人是间谍"的爆炸性新闻,也难怪所有兵法都要大书特书用间之道。

最早有文字记载的用间之人,也许是夏末政治家与思想家、商朝的开国元老伊尹。没错,就是那位启发了老子提出"治大国若烹小鲜"的"厨圣"。伊尹不但提出了"上智为间"的谋略,还亲自担任间谍,以到夏朝任官为掩护,两次打入夏朝内部开展情报工作。第一次赴夏,伊尹是为了侦察夏朝的政情与民情,以便制订灭夏计划;第二次赴夏,伊尹不仅了解到若干重要情报,还利用所掌握的情报,笼络夏臣和当时已失宠于夏桀的妹喜,以激化夏朝内部的矛盾,削弱夏朝实力,为随后的灭夏之战做准备。

实际上，为了灭夏，伊尹首先通过各种渠道，特别是间谍渠道，知悉了夏朝内部的许多重要情报。为了测试夏桀的主力部队"九夷之师"的忠诚度，伊尹说服商汤停止给夏桀纳贡。结果夏桀大怒，起"九夷之师"攻汤。伊尹见"九夷之师"仍听命于夏桀，就马上改劝商汤暂时恢复纳贡，同时也暗地里积极准备攻夏。大约在公元前1601年，伊尹决定再次停止向夏桀纳贡。夏桀虽然因此再次起兵，但"九夷之师"未响应，表明夏桀在政治和军事上已陷入了孤立无援的困境。伊尹见时机已到，便协助商汤立即下令伐夏。夏桀战败南逃，商汤在灭掉夏朝的三个附属国后，又挥师西进，很快就灭掉了夏朝，建立了商朝。

当然，若传说可信的话，间谍的起源还可更早。比如，《左传·哀公元年》中就曾提到过少康"使女艾谍浇"。其大意是说：少康为了复国，便起用了一位名叫女艾的间谍，然后在同姓部落等的帮助下，与夏后氏遗臣合力，消灭了篡权者，恢复了夏朝的统治，并最终使自己成了夏朝第六代君主。接着，他就首开了史称"少康中兴"的辉煌时代，使夏朝的国力空前大增。

总之，无论是据信史还是据传说，我国的间谍战雏形都早在夏商周时期就已形成。春秋战国时期，由于军事

混战的急需，谍报活动更为频繁，各诸侯都建立了自己的谍报系统。三国时期，谍报的运用更为精彩。待到唐朝时，终于首次出现了国家级的正式间谍机构。宋代更出现了军事组织中真正的专业间谍机构。明朝时，臭名昭著的"锦衣卫"，其实就是不折不扣的间谍机构。到了清朝，间谍活动达到了顶峰。

你也许没注意到：四大美女中，间谍竟占了一半！面对西施和貂蝉这样的超级间谍，古人难道真就没办法了吗？

幸好姜太公及时出现了……

➡️➡️姜太公发明阴书

中国最早的保密手段记录在姜太公的兵书《六韬》中，其最具代表性的成果名叫"阴符"。它们其实就是一些特殊长度的小棍，由通信双方事先约定不同长度的小棍所代表的不同含义。例如，长度为一尺时，意指大胜克敌；长九寸，意指破军擒将；长八寸，意指降城得邑；长七寸，意指敌军败退；长六寸，意指士众坚守；长五寸，意指请求增援；长四寸，意指败军亡将；长三寸，意指失利亡士；等等。当然，从理论上说，阴符长度的含义，可由通信双方事先任意约定。

早在3 100年前,周武王和姜太公就经常使用阴符来传递机要情报。于是,只要他俩事先秘密约定好小棍长度的含义,那么,无论面对哪些敌人,哪怕他们已经获取了全部阴符,都无法获取周武王和姜太公相互传递的秘密信息。

阴符的发明过程很神奇。据说,还是在周文王时期,有一次姜太公的营帐突然被叛军包围,情况危急。姜太公赶紧命令信使突围,回朝搬兵。但他既怕信使遗忘机密,又怕周文王不认识信使,耽误军务大事。于是,他就将自己心爱的鱼竿折成数节,每节长短不一,各代表一件军机,令信使牢记,不得外传。信使几经周折回到朝中,周文王令左右将几节鱼竿合在一起,亲自检验,发现鱼竿果然是姜太公的心爱之物,于是周文王亲率大军及时解救了姜太公。劫后余生的姜太公,拿着那几节折断的鱼竿,突发灵感,便发明了阴符。

后来,阴符的用途又得到进一步发展。比如,阴符被用作帝王授予臣属兵权和调动军队的凭证,成了兵权的象征。剖阴符为两半,有关双方各执一半;使用时,阴符两半若互相扣合,则表示验证可信。阴符的使用盛行于战国及秦汉时期,信陵君窃符救赵故事就是一个例证:窃得了阴符的另一半,也就等于掌握了相关军队的调动权。

在《六韬》中，姜太公还发明了另一种名叫"阴书"的信息保密手段。它其实是阴符的另一种改进。将一封竖写的密信，横截成三段；然后，分别委派三人各执一段，于不同时间、不同路线分别出发，先后送给收件者。收件者获得了所有三段残片后，只需重新拼接，便能知悉密信的全部内容。万一某位信使被截或叛变，敌方也难了解密信的内容。后来，人们又对阴符和阴书的思路进行了多种改进，使之在保密通信中得到了广泛应用，甚至一直被沿用至今。

研究保密通信的古人当然不只姜太公，古希腊人就赶紧跟了上来……

➡➡斯巴达置换密码

古希腊人在研究保密通信方面，真可谓绞尽脑汁：

早在公元前 4 世纪，他们就发明了许多奇特的保密方法。比如，在一份文件中，用小圆点在某些字母上标出记号，而这些字母则拼出秘密消息；或将秘密消息缝在鞋衬内；或将秘密消息写在树叶上，再把树叶隐藏在伤兵的绷带中；或将秘密消息写在铅片上，然后把铅片做成饰品，佩戴在身上；或在木片上钻孔，来代表 24 个希腊字母，并用一根细线依次穿过明文消息的每个字母，然后在收信端，友方顺着这根细线记下字母，就可恢复秘密消息。

早在公元前5世纪，某位流亡者就巧妙采用这样一种方法，成功躲过敌方警戒，把消息传回祖国：他先刮去一块木片上的石蜡，将秘密消息写在木片上，然后再用新的石蜡覆盖住消息，于是这些木片就看似一片空白。当这些木片被送回祖国后，收信者再把石蜡刮掉，就轻松读出了木片上的秘密消息。此法后来演化成了更隐蔽的方法：首先剃掉信使的头发，然后将秘密消息写在光头上，待到信使的头发重新长出来后，他就可以空着手，安全抵达目的地。然后在收信端，只需再剃掉信使的头发，秘密消息就重现出来了。

在1世纪，又有人发明了一种奇特的隐形墨水。用该墨水在白纸上写好秘密消息后，将纸张晒干，字迹就会变得透明不可见；但若稍微加热纸张，墨水便被烤焦变成棕色，字迹就会再现。其实，任何富含碳的有机液体，都可作为隐形墨水。难怪有些间谍在情急之下干脆拿尿液充当隐形墨水。

到了15世纪，意大利人发现，将明矾溶解在醋里就可制成另一种更神奇的隐形墨水。若用该墨水把消息写

在煮熟的鸡蛋壳上,墨水就会渗透蛋壳,渗到凝固的蛋白上,而在蛋壳表面不留下任何字迹。当该鸡蛋被送到收信方手上后,只需剥去蛋壳,消息就清晰显现于蛋白上了。

在古希腊的众多保密手段中,对今天影响最大的,可能要数公元前700年左右由斯巴达人发明的"斯巴达棒",它用圆木棍来进行保密通信。把长带状羊皮纸均匀缠绕在圆木棍上,然后在上面按正常顺序书写文字;最后再解开羊皮纸,于是纸上就只有杂乱无章的字符,这就完成了加密操作。在合法的接收端,解密者再次以同样的方式,将密文纸带均匀缠绕到同样粗细的圆木棍上,就能看出当初加密前所写的文字内容了。而对破译者来说,由于他不知道加密所用圆木棍的粗细,即使将该纸带缠绕在其他圆木棍上,照样也读不出保密信息。

斯巴达棒也许是最早的文字加解密工具,其加密原理属于密码学中的置换法。与该置换密码相媲美是另一种名为替换密码的东西,它又属于另一位传奇人物。

➡➡ 恺撒的替换密码

恺撒与密码的故事很多,若有兴趣建议读者阅读恺撒所作的《高卢战记》。此处只简单介绍该书中提到的一种名叫恺撒密码的加解密算法。

恺撒密码的加密原理很简单：把每个英文字母，用其随后的第三个字母来代替，比如 A 变成 D，B 变成 E，…，X、Y、Z 变成 A、B、C；于是，明文"A dog"加密后，就变成了密文"D grj"。

恺撒密码的解密也很简单：只需把密文中的每个英文字母，用其前面的第三个字母来代替就行了。比如，A、B、C 分别变成 X、Y、Z，D 变成 A，E 变成 B，等等。于是，密文"D grj"就被解密成了明文"A dog"。

恺撒很喜欢该密码，以至他在日常信件中经常使用这种加密方法。所以，恺撒在战争中占尽优势，因为他的敌人都读不懂他的任何机要信息，最后只好扔下武器，乖乖投降。猛然一看，"将字母做 3 个移位"好像很平凡；但在英文字母表中，可做 1～25 之间的任意移位，每个字母也可用任意其他字母来代替，只要收信人知道原来的密钥，即那个事先约定的变换表就行；这就意味着，在简单的替换密码中，存在着的变化可能多达天文数字！根据古代的计算水平，假设测试一个可能的替换需要 1 秒钟，那么，若想通过穷举法来破解该密码所需要的时间，将超过宇宙年龄的 10 倍！当然，该密码在现代计算机面前，

几乎瞬间就会被解密。

另外，还需指出的是，以斯巴达棒为代表的置换密码和以恺撒密码为代表的替换密码，在现代密码学中都扮演了非常重要的作用。以至如今的所有算法密码，从本质上看，其实都只是置换和替换的某种融合迭代。

虽然计算机本身就是由破译密码的超级计算需求而催生出来的，但在计算机诞生之前，推动密码发展的最强劲动力都是战争。人类至今最大规模的战争是两次世界大战，接下来就让我们走进战争中的密码故事……

▶▶世界大战的密码里程碑

密码发展的首个高峰，出现在第一次世界大战（简称一战）期间。这也是意料之中的事情，毕竟密码是决定战争胜负的关键。况且，一战时，无线电通信已被广泛使用，与曾经的信使传递或电报信息相比，无线电波更容易被截获。于是，敌对双方的密码战也就更加激烈：谁都想建立监听网络，来截获对方的信息并加以破译；谁都想设计出安全可靠、简便易行的密码，让对方无法破译。

➡➡一战与密码博弈

从某种意义上说，一战其实就是密码之战。

1914年8月5日凌晨,就在对德宣战的当天,英国做的第一件事情,就是切断德国横跨大西洋的电缆,目的在于迫使德国大规模采用无线电来传送消息,从而有利于英国截获更多的德国密文消息;果然,就在当天晚上,英国海军情报局局长的办公桌上,就堆满了截获的德国海军电报文件。

德国海军通过无线电传播的电文可不是公开信,因为它们都是加密后的乱码。如何破译这些乱码,就成了英国海军的头等大事。英国教育部主任尤因被分派了破译这些密文的工作。于是,尤因一方面身先士卒,亲自前往大英博物馆等地查阅密码资料;另一方面,他立即招募了一批德语助手来协助破译。尤因还广泛建立了多达14个监听站,以从不同渠道拦截更多的德国官方信息,以便相互印证,来帮助密码破译工作。

破译密码的最佳捷径,当然是获得对方的密码本,或称密钥。可如何才能获得密钥呢?最粗暴而直接的办法就是偷或者抢。于是,1914年8月11日途经墨尔本的一艘德国轮船便成了劫持对象。可遗憾的是,尤因等人扑了个空。

正在一筹莫展之际,突然天上掉馅饼了。原来,同年

8月26日,德国一艘轻型巡洋舰在芬兰湾搁浅。俄军从其残骸中打捞出了一本德国海军密码本,并送给了其英国盟友。于是,尤因急忙奔向失事海域,又搜到了更多密码本。虽然这些密码本并未能使尤因等立即破译德国密码,却使他们明白:德国的信息已被事先编码,然后使用了简单的单表代换进行重复加密。如此一来,破译思路就清晰了。

尤因立即招兵买马,增加了破译人员,以便及时处理越来越多的截获密文。1914年11月,破译团队搬进了海军部旧楼40号房间,这便是后来在密码史上青史留名的"40号房间"。虽然该密码破译机构的正式名称是"情报部第25分支",简称"ID25";但"40号房间"这个俗称仍被保留。"40号房间"好运不断:不久后,一艘英国拖网渔船又打捞到一个装有部分密钥的铅盒,它来自1914年10月17日特塞尔战斗中被击沉的德国鱼雷艇。

更幸运的是,德国人对英国的这一连串好运竟一无所知,只能任由英国的破译工作节节胜利。果然,在1914年12月14日,"40号房间"的密码破译员确认,德国海军的一支突击队将离港,前往攻击英国沿海某城镇。这时,英国海军也立即出发,却选择反向前进,以切断德军回程的必经之路。其实,这是一个很残酷的决定,因为它意味着:为了隐瞒"英国已破译德军密码"这个事实,英国必须付出沉重代价,眼睁睁看着自己的平民被德国攻击而不能去拦截。

1915年1月23日,英军又破译了德军密码,知悉德舰将再次离港,前往多格尔沙洲。这次英军继续欲擒故纵,终于成功拦截了德国袭击者,击沉一艘巡洋舰,重创两艘。从此,"40号房间"声名鹊起,密码分析专家的人数也猛增到50人。

随后,尽管德舰在一年内没敢再次冒险离港,并在1915年2月更换了密钥。但"40号房间"的破译员已熟悉了德军的加密方式,很快,德军的新密码又被破译了。截至1916年,德军虽将"每三个月更换一次密钥"的频率,加快为"每晚午夜更换密钥",但"40号房间"的密码破译员们已相当老练,经常在当天凌晨2点左右就能破译德军密码,最迟也能在次日上午10点前完成几乎全部破译任务。因此,英国在战争中就始终处于有利地位。

➡➡**密码拖美入一战**

齐默尔曼电报的破译是一战期间密码对抗的关键事件之一,因为它终于将本想旁观的美国拖入了战争。这封电报是德国外交大臣齐默尔曼于1917年1月16日发

给德国驻华盛顿大使馆的,并从那里再转交给墨西哥城的德国公使馆,最后再转交给墨西哥总统。

原来,为了切断英国的粮食及物资补给渠道以迫使英国投降,德国计划从1917年2月1日起恢复无限制的潜艇战,而这就可能损害美国利益,甚至促使美国卷入战争,站在协约国一方。为了使美国继续保持中立,德国希望与墨西哥结盟,说服墨西哥总统进攻美国,并答应慷慨提供财政支持,以帮助墨西哥夺回失去的得克萨斯州、亚利桑那州和新墨西哥州等领土。同时也希望墨西哥总统说服日本进攻美国,以此牵制美国,使其无法派遣部队到欧洲。

截获齐默尔曼的加密电报并不难,因为它是通过瑞典发送的。很快,该电报的备份就送到了美国驻柏林大使馆,并通过美国的电缆传给了英国的密码破译者们。于是,在德国大使向美国解释柏林重启无限制潜艇战的理由、极力劝说美国不要卷入战争的同时,英国密码破译专家也在加班加点破译德国密电。很快,在1917年2月5日,齐默尔曼的加密电报被破译,德国的阴谋暴露无遗。

但问题并未完全解决,因为英国既不能透露德国密码已被破译的事实,否则,这将刺激德国研发和启用更强的密码系统；也不能承认他们窃听了美国或其他中立国家的有线通信，否则就会影响彼此间的友好关系。于是，英国驻墨西哥大使动用贿赂手段，策反了一名英国间谍。再让该间谍潜入墨西哥电报部门，偷得了齐默尔曼电报的墨西哥版本，即德国驻华盛顿大使转交给墨西哥的那份电报。这样一来，德军将认为，齐默尔曼电报是从墨西哥政府窃取的，美国也不会怀疑该电报是在去往美国途中被英国截获并破译的。

终于，英国向世界宣布，他们在墨西哥偷得一份已解密的文件，并将它交给了美国政府。在检查了自己拦截的电报之后，美国政府确认了英国版本电报的真实性。同时，英国还将该电报的内容全文公布在报纸上。瞬间，舆论哗然。在柏林的一个记者招待会上，德国外交大臣齐默尔曼不得不公开承认他确实写过这封信。此事件的最终结果就是：电报的英译本登上了美国各大报纸，同时美国于1917年4月6日向德国宣战！

为了进一步分散外界对英国密码破译的注意力，英国海军情报部门还在国内报纸上发文，自我检讨为什么未能截获齐默尔曼电报。此举如愿引发了外界对英国安全机构的讥笑潮，自然也就顺便表扬了美国。

你看，密码破译工作还真不仅仅是纯粹的技术活，有时还需要相关人员唱双簧呢！

➡➡**罕见土语当密码**

一般人都会认为，密码专家肯定是非常聪明的一批人，密码的编码和解码也不是普通人所能参与的；但是，真实情况并非如此。实际上，任何人，哪怕是文盲都能成为密码专家，而且还是高水平的密码专家。这是因为，从理论上看，密码其实只是一种符号系统，任何一个符号的具体含义，都可以事先进行任意约定；而且知道这种约定的人越少，相应的密码就越安全。从实践上看，在一战中还真的出现了一批特殊的密码专家，他们无须任何培训，甚至可能是文盲或半文盲，却在事实上扮演了顶级密码专家的角色。这批文盲密码专家的典型代表，就是某些印第安部落的土著人，而他们所使用的所谓的密码，其实就是他们本民族的土著语言，其加密效果还特别好。

原来，在一战尾声的 1918 年秋天，美军遭遇了自己在一战中的最大战役之一：默兹-阿尔贡战役。但战场信息的传输却不够畅通，因为德军既破坏了电话线路，又破译了美军的密码，还数次抓获了美军派出的情报员。正为此事发愁的一名美军上尉，偶然听到了军营两名乔克托族土著士兵的奇怪对话,因听不懂而一头雾水的上尉立即意识到这种语言在密码通信中的巨大潜力,毕竟连美国人都听不懂的美国话,德国人就更听不懂了。于是,上尉赶紧叫来这两名乔克托族士兵,问明情况并证实他们的土著语言确实几乎没有外人能懂后,就立即将部队中的所有乔克托族士兵分配到各个通信班,让他们通过野战电话,直接用乔克托语传递军事命令。当然,也同样由他们再将乔克托语翻译成美国话,并告知前线首长。就这样,乔克托语电话小组就诞生了,乔克托族密语者正式投入战场。

使用乔克托语来加密信息的好处不少:一来,这是一门非常稀罕的语言,即使被德军听到了,他们也无法理解。二来,该密码系统很容易建立,实际上,电话小组刚一成立就立即开始工作。几个小时内,就有八名乔克托人被派往各战略要点,帮助美军赢得了几场关键性的重要战役。三来,这种密码的加密和解密都非常迅速,甚至比任何其他密码机都快,因而使美军拥有巨大的密码优势。

据说,这种语言使德国人目瞪口呆,他们甚至都不知道这种奇怪的声音,是什么样的人,用什么样的超群口技表演出来的。德军还以为美军发明了一种奇妙装置,以

使人能在水下说话呢。当然,乔克托语密码也有其缺点,那就是它没有军事术语,因此,作为密语使用时,只好对它进行一些修改。比如,把机关枪说成"射击很快的小枪",部队人数则以玉米粒代指等。此外,这些乔克托人还发明了一些更神秘的隐语,使得他们的密码成了"密中密",使得其密码语言听起来更令人费解。后来的事实证明,这种土著语密码从未被敌人破译过。

其实,用外族语言充当密码并非一战的首创。古罗马皇帝恺撒就曾用希腊语加密消息。因为,受过教育的罗马人都懂得希腊语,但敌人却不懂。后来在二战的早期,美国使用过说巴斯克语的信号员,英国也曾尝试过使用说威尔士语的信号员。美国在太平洋战争中,还使用过美洲土著语——纳瓦霍语作为密码等。

➡➡一战催生一次一密

在一战接近尾声时的1918年,美军密码机构的莫博涅少校引入了一种随机密钥的概念:密钥不是由一些有意义的单词组成,而是一个随机字母序列。由于发送方和接收方必须使用相同的密钥字且只能使用一次,因此这种加密方式就被称为"一次一密"。

若一次性密钥字"在只使用了一次后"就被销毁了,

那么由它生成的密文就真的牢不可破,至少在理论上是这样的。比如,一条 21 个字母组成的消息,将需要一组由 21 个随机字母组成的密钥字来加密。这意味着,破译者将不得不尝试 5.842×10^{27} 组可能的密钥字。即使这样的穷举是可能的,破译者也永远无法知道自己是否得到了正确的明文消息,因为,每测试一组可能的密钥字,就会产生一段 21 个字母组合的明文文本。

为了让一次一密实用化,莫博涅花费了大量精力来构建随机密钥系统。首先他制作了一本厚达几百页的小册子,每一页都由随机排列的数百个字母组成,并作为一个独一无二的密钥。在加密一个信息时,发送者将使用小册子的第一页作为密钥,对明文加密。一旦信息被成功发送、接收和解密,收发双方都同时销毁已用过的那页密钥,因此这些密钥绝不会被第二次使用。当需要加密另一条信息时,则使用小册中的下一页作为随机密钥。

一次一密的优点很多。它的原理很简单,使用便捷。它的安全性基于"信息传递时,双方同步变化的随机密钥",即每次通信双方传递的明文,都使用同一条一次性的随机密钥来完成信息加密。它的密文是通过公开信道传输的。密钥一次一变且无法猜测,从而保证了线路传

递数据的安全。但是,各位别高兴得太早,因为真正的一次一密,有三个致命弱点:

其一,很难制造大量的随机密钥,而且,若随机性不够,那就不再是"绝对安全"了。在实践中,最好的随机密钥都是利用电噪声等自然物理过程来生成。

其二,分发密码本很困难。特别是在战场上,在相距遥远的成百上千个发报员之间分发密码本就更难。此时若想实现机要通信,每个人都必须拥有完全一样的一次性密钥手册。然后,当新手册发行后,它们又必须同时分发到每个发报员手中。此外,一次性密钥手册的广泛使用,将使战场上出现许多信使和持有一次性密钥手册的人,万一敌方查获其中一本,整个通信系统就彻底暴露了。

其三,每个发报员还必须在步调上保持高度一致,以确保他们在特定时间使用的是手册中的同一页;否则,解密者就无法完成解密任务,反而会把自己搞糊涂。

因此,在一战期间,一次一密主要用于特定情况,比如间谍向总部发回情报等。即使在今天,人们也没能实现真正意义上的一次一密,比如,只能用"伪随机序列"去代替本该绝对随机的密钥字序列。这种折中做法的优点是可以进行快速而安全的加密操作,代价却是牺牲一点保密强度。

➡➡密码提前结束二战

第二次世界大战(简称二战)基本上就是交战各方的密码战!

谁的密码破译能力强,谁就能知己知彼,从而在战前部署、战场应对及战后谈判等方面取得绝对的主动地位;谁的密码能守住秘密直到最后,谁就能运筹于帷幄,决胜于千里。二战中的事实再一次表明,敌对双方的密码战,在很大程度上会影响战争的走向。比如,在1941年春天,英国节节败退,德国潜艇击沉了前往英国的大部分食品和原料运输船队。但是,当德国海军的密码被破译后,被击沉的船只数量便骤降75%。又比如,由于盟军在密码破译中的绝对优势,使得二战提前了2～4年结束。甚至可以说,若无密码破译方面的决定性胜利,同盟国很可能会输掉二战。

由于二战对密码的巨大需要,密码发展史上又出现了一个新高峰。

从技术角度看,二战促使机械密码发展到了极致,出现了恩尼格玛密码机等一大批高水平的密码机。同

时，由于破译密码的海量计算需求，在二战后期，更催生出了电子计算机，从而宣判了几乎所有机械密码的死刑，因为，任何机械密码都经受不了超强电子计算机的攻击。

从人才角度看，二战的实践，不但培养了图灵等密码破译理论专家，更培养了香农等一大批现代密码学家，使得密码的发展进入了全新的以电子密码为代表的现代密码阶段。

从理论角度看，一来，许多数学工具被大量应用于密码破译，从而大大降低了密码破译的难度和计算量。二来，计算机的出现，使得几乎任何算法密码的编码都不再困难。比如，过去无法用机械方法实现的希尔密码等，在计算机的帮助下，都可轻松完成其加密过程。但同时计算机也能轻松破译过去的许多超级密码，从而逼迫密码编码专家们，在更高的数学平台上，设计更精妙的现代密码算法。

总之，密码的发展历史，其实就是攻守双方相互博弈的历史，是加密手段与破译工具水涨船高的历史。永远不会有"绝对安全"的密码，也永远没有天下无敌的破译手段。

➡➡二战英德密码博弈

二战期间各交战方的密码战,主要就是英法美等同盟国与德意日轴心国之间的密码战。先看二战主角之一的英国在密码战中的表现吧。

英国政府特别重视密码人才培养,早在1919年11月,就成立了专门的密码学校。该校的地位一直很高:最初是由海军部领导,后来又转给外交部,由秘密情报局的资深人物直接负责学校的管理。1924年起,该校专注于海军密码和外交密码工作,1930年成立陆军分部,1936年成立空军分部。

二战中,为躲避德国的轰炸,该校于1938年迁到了白金汉郡郊外的布莱切利园,后来成了人类密码史上的一个重要机构。作为当时英国的最高秘密机构,它招募了一群古怪的数学家、语言学家、国际象棋大师和填字游戏高手等。随后的事实表明,这些怪人的专长,在密码破译中都发挥了巨大作用,帮助盟军赢得了战争。最高峰时,布莱切利园中的密码破译人员竟多达1万人,可以想象密码破译的工作量有多大。

英国密码破译的早期目标其实并非德国,而是美、苏、法、日、意、西班牙和匈牙利等,因为当时德国军队的

规模受到凡尔赛和约的限制,其通信消息很少。那时,来自意大利的威胁更大,独裁者墨索里尼已开始把地中海称为"我们的海",而对英国来说,地中海是通往印度的重要通道。1935年,意大利又入侵了东非国家阿比西尼亚,这就直接威胁到英国对埃及的控制。

负责破译意大利密码的主攻手,名叫诺克斯,他是一名资深密码专家,早年曾协助破译过著名的齐默曼密码,后来又在破译美国密码和匈牙利密码中屡建奇功。果然,诺克斯很快发现,意大利海军使用的是商用恩尼格玛密码机。刚好,诺克斯也曾于1925年在维也纳购买过一台这种密码机,所以他知道该密码机中存在着转子和连线,还知道破译的关键是要恢复出每天的转子安装顺序,以及每天的转子起始位置。

就在破译者们搬到布莱切利园后不久,德国战舰驶入了但泽港,名义上是要参加一个纪念活动,实际上却于1939年9月1日凌晨4时48分,在那里瞄准波兰军事基地打响了二战的第一炮。后来,波兰的密码精英逃到法国,并很快破解了德国海军的密码,随后又于1940年1月6日破解了德国空军的密码。

随着德军密码的不断改进,英国终于意识到,破译密码不能依靠人海战术，必须聘用更多的数学家。于是，时年27岁的数学奇才图灵就成了第一名被聘者。图灵后来因为卓越的密码破译成就，被英国首相丘吉尔赞扬道："在第二次世界大战中，为盟军战胜纳粹德国做出了最伟大的贡献。"

➡➡二战美日密码博弈

由于其旁观者心态，美国对其他国家的密码破译工作根本没兴趣，甚至关闭了一战期间鼎鼎有名的密码破译机构"美国黑室"。美国陆军也仅保留了一名密码破译专家弗里德曼，后来又批准弗里德曼以低薪雇用三名初级密码分析师，他们都是数学教师，对破解密码一无所知。1938年，弗里德曼才又获准再雇三名薪水更低的半文盲水平的"密码办事员"。随着预算的缓慢增长，弗里德曼又从其他机构东拼西凑雇用了四名公务员。他们之所以被选中，是因为他们喜欢玩桥牌和象棋，并能玩转神秘的填字游戏。

虽然当时美国的密码破译技术非常一般，但出人意料的是，美国的破译业绩却并不差。实际上，当时日本的两种主战密码都先后被美国破译了。其中一种密码的破译材料，被装订成红色活页，故称为"红密"；另一种则被

装订成紫色活页,故称为"紫密"。

读者可能会纳闷了,美国到底是如何破译那么多"红密"和"紫密"文件的呢?嘿嘿,一个字:偷!美国特工闯入相关大楼,窃取或拍摄密码簿等材料,然后再交给情报处就行了。美国将这种密码破译法,美其名曰"黑袋操作"。

喜欢看电影的你也许已经知道,二战中,美日之间的几乎所有重大军事事件都与密码直接相关。美国之所以被日本成功偷袭珍珠港,是因为相关密电码的破译不及时;在中途岛海战中,日本之所以败仗不断,是因为美国在密码破译方面始终处于绝对优势地位;日本海军大将山本五十六的飞机之所以被"斩首",是因为他的行程早已被美军了如指掌;等等。

回顾二战期间的美日密码破译战,虽然有很多方面值得肯定,但客观来说,双方的安全意识都很不够,甚至闹出了许多笑话。

二战期间美国的安全意识实在太弱,甚至在日本机要文件解密版的邮件上,都带有日方的编号,竟还在通过公开急件传送。在总统助理的废纸箱里,人们竟发现了一份"紫密破译"备忘录。在波士顿,日方还抓获了一名试图出售信息的密码员。

二战期间日本的安全意识也很弱。1940年4月28日,当德国向日本通报"美国已掌握了日本的密钥"时,美国破译者被吓得半死,可哪知日本驻美大使却拍着胸脯向日本外务省保证"对所有密码保管者,都采取了最严格的防范措施"。事后,美国密码破译者十分担心日本会修改密码,从而导致破译者们又得重新开始艰苦的摸索工作。但出人意料的是,日本只是发了个信息,告诫大使馆加强安全管理,并要求大使馆在密码机上用红漆印上"国家机密"字样。然后,就再也没有然后了。

1941年10月16日,东条英机成为日本首相后的第一件事,就是传唤电信局局长,询问他外交通信是否安全。后者则一口咬定:绝对没问题。后来的事实表明,实际上是有严重的致命问题!

▶▶现代密码里程碑

现代密码当然不是一夜之间冒出来的,而是在破译机械密码或机电密码的过程中,不断积累正反两方面经验,特别是在与计算机的互动中,逐渐演化出来的。虽然在该过程中也有"基因突变"的成分,比如,香农突然创立

了信息论、计算机技术突然发生飞跃等。换句话说，计算机的发展，促进了密码破译能力的提高；反过来，破译密码的巨大计算需求，也刺激了计算机的改进，特别是催生了通用电子计算机的出现；最后，电子计算机的普及，又大大改善了密码的编解码能力，从而促使人类进入了现代密码时代。

➡➡密码催生计算机

随着二战的白热化，需要破译的密码越来越多。仅仅依靠手工操作或人海战术，已不能满足需求了。如何开发能自动破译密码的机器，便成为一项重要任务。

为此，图灵及其导师纽曼等便设想，借助专用的、基于纸带和光电的快速电子设备来自动完成密码破译工作。于是，他们设计了两条很长的电传打字机磁带，其中一个磁带上存储了密文消息，另一个磁带上存储了转轮的所有可能的启动位置。机器对这两条磁带上的信息进行逐个比较，并计算出重合度。当重合度达到最大值时，转轮的设置就正确了，破译也算成功了。

该机器运转速度很快，它能使纸带以 48 千米每小时的速度来回穿梭。但纸带被多次使用后，就会被拉长变形而不能再实现同步了。为了克服这个困难，密码破译专家们整整花了 10 个月时间,终于造出了第一台大型数字计算机的原型机,称为"巨人机"。它是第一部完全电子化的计算机器件,使用了 1 500 个电子管组成的十进制计数器;它以纸带作为输入器件,能执行各种布尔逻辑运算;它的程序以接插方式执行,有的是永久性的,有的则是临时插入的。

1944 年 1 月,巨人机到达布莱切利园。它被安装在一个大箱子里,其体积差不多相当于一个房间,重约 1 吨,功率达 4.5 千瓦。它运行时所散发的大量热气常把操作人员搞得满头大汗。

巨人机省去了转轮纸带,取而代之的是用电子方式存储轮子模式。在破译密码时,密文磁带能以最高 85 千米每小时的速度运行。当然,预设的保险速度是 43.9 千米每小时,允许机器每秒读取 5 000 个字符。在诺曼底战役打响的当天,英国成功启用了改进版的巨人机。它有 2 500 个电子管,使用了 5 个磁带通道,这比其原型机要快 5 倍。它每秒能读取 25 000 个字符,与 30 年后推出的首款英特尔微处理器芯片相当。

可惜,二战结束后,为了严格保密,丘吉尔亲自下令,将巨人机的实体器件、设计图样和操作方法等资料全部

彻底销毁，相关部件被送到曼彻斯特大学计算机实验室。因此，巨人机未能在历史上留下任何准确信息，如今在英国布莱切利园展示的那台样机也只是后人仅凭记忆做出的仿制品。

虽然今天的媒体经常提及巨人机，但由于资料来源不尽相同，难免会出现各种互相矛盾的说法，毕竟巨人机属于高度机密。但至少有一点是可以肯定的，那就是巨人机是人类第一台可编程的电子计算机，它比二战后由宾夕法尼亚大学研制的ENIAC要早出现至少两年。

巨人机的建造者虽非图灵本人，但它确实是在图灵的计算机理论指导下才最终完成的。

➡➡密码民用规模化

不知何故，自从香农在1949年发表了现代密码的奠基性论文，全球密码学的发展好像突然就停滞了，甚至静默了20多年！

在此期间，随着网络通信的突飞猛进，特别是随着20世纪60年代起商用计算机的迅速普及，企业和个人也开始对密码产生了强烈需求。人们开始大规模地研制民用密码，以致到20世纪70年代初，民用密码市场混乱不堪，千奇百怪的密码算法鱼龙混杂。于是，研制标准化的加密系统，便被提上了官方议事日程。

1972年，美国国家标准局拟定了一个旨在保护计算机和通信数据安全的计划，明确提出要开发一个单独的标准对称密码算法，用于电子数据加密。

1973年，美国国家标准局正式公开向社会征集标准密码的候选算法。任何单位和个人均可公开提出自己的候选算法，也可对别人提出的候选算法进行攻击。一旦某个算法被攻破，该算法自然也就被淘汰。形象地说，美国国家标准局设置了一个征集密码算法的"擂台"，并以擂台赛的方式来筛选最满意的候选算法。

刚开始时，擂台赛的效果并不理想。1974年，美国国家标准局又启动了第二次密码算法公开征集工作。这次终于收到了一个比较满意的候选算法，它就是IBM公司的一名员工在1970年左右开发的一种密码算法，简称"L密码算法"。

IBM公司的这名员工于1915年出生在德国，1934年移居美国。二战期间，当德国在1941年向美国宣战时，他便被美国软禁。1944年，他终于获得了美国国籍，并在空军剑桥研究中心工作。随后，他分别在麻省理工学院

林肯实验室等单位工作过，但不知何故，他在密码方面的研究工作，始终都受到新成立的美国国家安全局的干扰。其实早在美国国家标准局公开征集民用密码算法的两年前，他就躲在纽约附近的"IBM沃森研究中心"开发出了L密码算法。

美国国家标准局收到应征的L密码算法后，为保险起见，便将它转交给美国国家安全局，让后者严格审查。一年多后，1975年3月，美国国家标准局才公布了该算法的细节。其间，关于如何处理L密码算法，美国国家标准局和美国国家安全局还产生了不少误会。美国国家安全局原本只打算向社会提供L密码算法的硬件，美国国家标准局却迫不及待公布了所有细节，以至所有人都可据此自行编写加密软件。若美国国家安全局预料到随后民用密码的爆发式应用，或许就不会同意公布L密码算法了。

1976年11月，L密码算法被美国政府采纳为联邦标准，并授权在非密级的政府通信中使用。L密码算法最终被官方冠名为"DES"，意指数据加密标准。1981年，DES终于被批准为私营部门的密码标准。从此，密码突破了军政部门的垄断，开始大规模地走向民间。

➡➡公钥密码创奇迹

前面介绍的包括DES在内的所有密码,都存在一个共同的、困扰了密码学家们几个世纪的重要问题:收发双方在消息的创建和传输前,必须协商一个密钥。这就是所谓的密钥分发问题,即密文接收者如何获得解密密钥。比如,DES密码的收发双方,只有在拥有相同密钥的情况下,才能进行安全通信,因此这类密码也被称为"对称密码"。然而,若以电子方式公开发送该密钥,显然又很危险。一旦黑客截获了该密钥,那么DES加密也就没意义了,因为此时的黑客也能轻松阅读密文信息了。换句话说,DES的安全强度等同于密钥的安全强度。

唯一安全的密钥分配方式,就是征用特殊信使,将DES密钥锁在公文包中,飞往世界各地。这就成了一个大问题,因为需要分配的密钥简直多如牛毛。比如,若有一千个用户,那就得事先分配一百万对密钥。而且,这么多密钥的保存和管理也很困难。若这些密钥被张冠李戴了,则要么出现泄密事故,要么让通信双方无法正确恢复明文。

幸好,就在美国政府公开征集DES标准算法期间,

数学家迪菲和赫尔曼合作解决了这个问题。他们于1976年提出了著名的DH方案,可以在不安全的信道上共享密钥。该项成果也在30年后的2015年获得了图灵奖。

此处之所以要强调1976年这个时间点,目的是想指出,1949年香农奠基了现代密码理论基础后,密码学的第一个高潮终于出现了。比如,在实用方面,诞生了DES等对称密码;在理论方面,诞生了公钥密码,又称"非对称密码"。从此,现代密码学就驶入了高速发展的快车道。与对称密码的先驱不同的是,公钥密码的先驱几乎都是标准的学院派,准确地说几乎都是数学家。其实,公钥密码涉及众多高深的数学问题。

公钥密码的思路,可类比为某种带挂锁的盒子:任何人只要按一下挂锁就可以将盒子锁上,但是只有带钥匙的那个人才可以打开锁住的盒子。任何人都可以拿到带有某甲之锁的盒子,并把消息放进某甲的盒子中,然后按下挂锁,把盒子锁上。但只有某甲才有钥匙,才能打开自己的盒子。

对国内读者来说,公钥密码的思路,还可类比为带锁的邮筒。其工作原理是这样的,任何人都可以通过邮筒上的那条缝,把他的信件放进箱里,相当于加密运算。但是,只有带钥匙的那个邮递员,才可以打开邮筒,取出其中的信件。此时,邮筒上的那条缝就是公钥,任何人都能用它完成加密任务(向邮筒里投信件)。打开邮筒的那把钥匙,便是邮递员的私钥,只有邮递员自己才拥有,别人都不知,因此只有邮递员才能取出信件。

➡➡**现代密码的特色**

与二战期间或之前的密码相比,现代密码具有非常鲜明的四大特色:

特色一是无论明文或密文,所有信息都被比特化了。这当然归因于各种数字计算机的推广与普及。

由此给密码破译带来的好消息是,破译方的计算能力被空前增强,若用计算机去破译过去的任何密码,几乎都只是小菜一碟。

坏消息就是过去的某些传统破译手段被彻底淘汰了,信息加密算法的思路也获得了空前解放,加密能力被大幅度提升。许多千奇百怪的算法、许多过去想也不敢想的数学难题,均被用于了信息加密,经常让密码破译方束手无策。

不好不坏的消息是,密码对抗的工具平台已不再是复杂的转轮或连线,而是各种各样的计算机系统。人海战术压根儿就没用了。

特色二是信息加密被普遍民用化了。密码再也不是军政等特殊部门的专利,这当然归因于发达的信息通信系统,归因于人类自私的天性,毕竟谁都不想让无关人员知道自己的秘密。

由此给密码编码者带来的挑战是,密码算法的设计者和使用者不再彼此信任,密码的加密者与解密者之间也不再彼此信任。所以,密码算法必须公开,必须经受得起民间高手的任意攻击,必须有办法确认对方的身份与其声称的身份是否一致,必须能防止比特信息被无痕篡改,否则就没人敢使用这样的密码算法。

特色三是加密和解密过程都被标准化了。这主要归因于社会的标准化趋势。密码无论有多么特殊,它们也只是实现加密或解密的产品。凡是产品都得标准化,否则就无法进行大规模工业化生产。加密和解密操作也是一种经济行为,只有标准化才能降低成本,才能在市场上得到迅速推广。大规模民用化后,用户之间不再彼此相关,甚至压根儿就互不相识。如果没有双方公认的标准,那么加密者和解密者之间就根本无法沟通,宛若鸡同鸭讲,这显然不是设计密码的初衷。

特色四是加密和解密过程都已被数学化甚至算法化了。这主要归因于信息的计算化趋势。其实,包括人工智能在内的所有IT行为,几乎都被算法化了。对密码破译方来说,数学化的结果就是,密码学家必须越来越多地运用数学知识。实际上,如今密码学家们所使用的许多数学知识相当生僻,甚至连普通数学家也谈之色变。难怪,数学界最高奖之一——沃尔夫奖于2024年首次颁发给了密码学家。

▶▶网络安全的典型案例

网络安全,是一项典型的由需求驱动的事业。更具体地说,一旦黑客发明了包括密码破译在内的新型攻击,制造了网络安全事故,我们就必须尽快予以回击。黑客制造的典型案例数不胜数,下面仅仅简要地挂一漏万。

➡➡计算机病毒案例

普通网民遭遇最多的网络攻击,可能就是计算机病毒了。中毒的原因虽各不相同,但基本上都与不当的使

用习惯有关。由于病毒种类繁多,中毒后的表现也各不相同,尤以下述九大症状居多:

• 计算机运行速度突然减慢。这时,恶意软件可能已进入你的计算机,并在那里干着不可告人的勾当。比如,黑客将你的计算机变成了"僵尸机",从而占用了大量计算资源、存储资源和网络带宽。

• 计算机莫名其妙地向外发送垃圾邮件或从事一些莫名其妙的活动。

• 计算机无休止地弹出各种窗口,自动显现各种广告。

• 计算机像幽灵一样在夜间自动运行。

• 计算机运行了一些并未下载的奇怪程序。

• 计算机中的浏览器出现了不曾设置的某个主页。

• 计算机中既有的某些系统工具无法正常运行。

• 杀毒软件反应迟钝。有些恶意软件会故意逃避杀毒软件。

• 计算机已被列入黑名单或接到监管部门的官方中毒通知。

若你的计算机确实已经中毒,那就该立即开始杀毒了。

➡➡互联网安全案例

对普通人来说,最常见的互联网安全事件可能是自己的网站被突然入侵。

这时,容易被观察到的常见异变有:流量异常增加、网站崩溃或无法访问。此外,容易被忽略的常见异变至少还有两个:

一是出现异常的管理员账户活动,比如出现新增用户或相关设置被更改。

二是数据被泄露或篡改。此时,黑客可能已入侵你的数据库,甚至已获取了你的敏感信息,或篡改了你的网站内容等。

应对上述攻击的预防措施主要有:

• 及时备份网站。特别是要定期备份数据和文件,以防止数据丢失。

• 更新安全补丁。特别是要随时更新网站平台、主题和插件,封堵相关漏洞,让黑客无从下手。

• 要使用强密码,定期更换密码,禁止共享账户。

- 启用防火墙和安全插件等安全防范措施。

- 审查代码和文件。定期审查网站文件和代码,查找异常或可疑内容。

- 若有必要,还可以组建或聘用专业的安全团队,整体提升安全强度。

➡➡**物联网安全案例**

能将任何物体与网络相连接的网络叫物联网,它正变得越来越普及。据爱立信估测,2023年物联网设备数量已超过150亿。未来几年,该数字还将连续翻番。然而,由于物联网终端设备的性能及资源普遍有限,缺乏有效的身份认证,数据多以明文形式传输,所以其安全防护能力非常薄弱,极易成为攻击的对象,以致物联网安全案件层出不穷。例如:

2018年,某知名弹幕视频网遭黑客攻击,上千万条用户数据被外泄。用户身份、用户昵称、加密存储的密码等信息均被曝光。

2019年,某企业的物联网遭受勒索病毒攻击,导致大量重要文件被加密,生产网、办公网全面瘫痪。

2020年,俄罗斯某快递公司的物联网被攻击,致使该公司在莫斯科的近3 000个储物柜被自动打开,用户包裹袒露在光天化日之下,静待小偷光临。

2021年,某视频监控公司的摄像头遭到黑客入侵,数百个客户的摄像头访问权限被窃取,众多摄像头的实时视频被公开。此次事件的受害者既有上海的汽车工厂,还有多国的医院、诊所、公司、监狱和学校等机构。

2022年,某知名车企的物联网数据被大量破解,2万余条内部员工数据和近40万条车主身份数据被泄露。该企业也被勒索上千万元。

同样是2022年,某知名家电集团的物联网遭遇勒索攻击。全厂多台计算机被植入勒索病毒,导致内网瘫痪,所有文件无法打开。勒索组织要求该集团在7天内支付1 000万美元的赎金。

2023年,仅仅是一个漏洞被利用就导致了某网络设备供应商的上万台设备遭到攻击。运行在这些设备上的交换机、路由器、接入点、无线控制器等都受到严重影响。

一般来说,物联网安全涉及接入安全、身份安全、访问控制、通信安全和数据安全等方面。一旦其中某个环节出了问题或被黑客攻破,就会给企业和用户带来巨大

的损失。

➡➡大数据泄密案例

泄密事件随时都在发生。近年就至少发生过以下几起重大泄密事件：

早在2021年8月，英国选举监管机构的信息系统就被黑客攻破，但直至2022年10月此事才被发现。在这破防的15个月中，尽管黑客无法进入实际的选举系统，但已从选举监管机构的服务器中盗取了长达8年（2014—2022年）的英国选民个人信息。每年的选民册中都存有约4 000万人的详细信息，因此本次黑客攻击事件是英国史上规模最大的信息泄露事件之一。

ChatGPT泄密事件。据韩国权威媒体披露，韩国某公司在引入ChatGPT后不到20天的时间里，就接连发生了3起机密信息泄露事件，导致该公司的设备资料和产品信息等机密数据被完整存入OpenAI公司的Chat GPT学习数据库。消息一出，多个国家和地区的数据保护机构，便立即启动了对ChatGPT的限制、禁用和监管。

美国政府窃取社交平台用户隐私。某社交平台的掌门人在接受采访时称，美国政府能够读取平台用户的所有信息。对此,中国外交部发言人表示,一个连盟国领导人隐私都不尊重的国家,在社交网络上监控用户隐私数据并不出人意料。联合国方面也向美方表达关切,指出其监听的行为违反国际规则。

事业:安全对抗的攻防技巧

网络安全不仅需要技术,还需要全局性的综合思考。

——布鲁斯·施奈尔

网络安全的本质是对抗,即攻防双方的对抗。如何才能在对抗中取胜呢?与打仗类似,取胜的关键有二:

其一是先进的技术。为此,网络安全专业的学生们将花费整整四年时间来努力学习全球最先进的高精尖网络安全技术,并将自己培养成一流的攻防能手。形象地说,学生们在大学期间既要学会如何运用或研制网络安全的先进"武器",又要把自己培养成掌握某些独门绝技的优秀"战士"。

其二是,得当的攻防策略。若能巧用各种兵法计谋,便能以弱胜强,反之则会重蹈火烧赤壁的覆辙。下面将以形象的语言来介绍网络安全的一些常用攻防策略和技术,帮你了解网络安全事业,也希望能将更多才俊吸引到网络安全专业来。

▶▶强弱悬殊的攻防技巧

即使攻防双方的综合实力相差悬殊,弱者也不必灰心,强者更不能大意。其原因是:若能巧妙运用以下六个计谋,也许可使局势逆转。

➡➡加密解密与瞒天过海之计

瞒天过海是网络攻防的主流手段,其表现形式千奇百怪,根本不可能逐一罗列。不过,已有数千年悠久历史的密码可谓是古今中外最常用的一种瞒天过海之术,其核心包括加密和解密两部分。

这里的"加密"是手段,相当于"瞒天"。加密是把谁都能读懂的明文消息(简称"明文")转变成黑客无法读懂,而友方却能轻松读懂的乱码消息(简称"密文"),以此达到隐瞒信息之目的,让敌手即使截获了相关密文,也仍然不知所云。比如,将一篇含义清晰的文章转变成一页莫名其妙的文字排列,或将一首美妙的歌曲转变成一段

刺耳的噪声,或将一部惊心动魄的电视剧转变成满屏令人眼花缭乱的雪花斑点。总之,任何明文都可被相应的加密手段转变成面目全非的密文。

这里的"解密"是目的,它相当于"过海"。解密根据事先约定的只有通信双方才知晓的信息(密钥),由合法收信方将密文轻松恢复成加密前的明文,让友方知悉相关内容,从而完成保密通信任务。

特别需要指出的是,在密码体系中,密钥扮演着非常关键的角色。密钥也是唯一不能公开的东西,所以密钥的生成、传递、管理和保存便成了全体网民的重要任务。实际上,此处的密钥便是我们俗称的"密码"或"口令",比如手机的开机密码或银行卡的取款密码等。因此,在首次开户时,银行会对你设置(生成)的密码在长度、字母、数字和大小写等方面提出严格的要求;你的密码需要不定期地更新以防因泄密而造成损失;你不能将自己的密码随意告诉他人,否则上述瞒天过海之计就必定失败。

➡➡木桶原理与围魏救赵之计

围魏救赵的核心,是面对强大而集中的敌人时,最好先想办法将其兵力分散成多个部分,然后予以痛击。或者说,要尽量避开敌方的坚固部分,集中优势兵力攻打敌方的薄弱部分,以达到既定的其他目的。

围魏救赵之计在网络安全中早已被频繁使用。比如,在网络安全中就有这样一个著名的"木桶原则":任何信息系统的安全性都取决于"木桶中最短的那根木板"。所以,从守方角度来看,信息系统各部分的安全程度最好要大致相当,否则,过度坚固的部分将白白耗费不必要的资源,过度薄弱的部分又将成为黑客的靶心并全面拉低系统的整体安全水平。比如,在设计安全机房时,若只将防盗门做得异常结实,却安装了易碎的玻璃窗,该机房的安全性也很差,防盗门的设计更失去了意义。

从攻方的角度来看,黑客会重点攻击系统的漏洞或薄弱处。比如,当用户使用了诸如"12345"这样的弱口令时,黑客便只需猜出口令,便可大摇大摆地盗取用户的任何信息;当用户存在人性弱点时,黑客便可投其所好,套取相关信息;当网络的电力系统不稳定或没有备份电源时,黑客便可重点攻击电网,以断电的方式让系统瘫痪;等等。

如何发现并处理系统的薄弱环节呢?

对黑客来说,他至少可以利用全球已知的软件漏洞对目标系统进行攻击性测试。假如对方没能及时打补丁,黑客便有可乘之机。黑客也可借用所有已知的扫描手段或攻击手段对目标系统实行地毯式检测,随时寻找可能出现的哪怕是细微的漏洞并及时加以利用,只要黑客的隐迹工作做得足够好,他就可以随时为今后的"围魏救赵"寻找理想目标。

对守方来说,他也必须随时做好全面的安全检查和评估工作,从技术、管理、人员、环境和法律等各方面着手,一旦发现漏洞就要马上打补丁。

➡➡计算机病毒与借刀杀人之计

黑客行为几乎都是某种程度上的"借刀杀人"行为,毕竟计算机只会进行合规的操作,因此受害者所遭受的任何损失,其实都是受害者自己的计算机的某种合规行为所导致的合规操作的结果而已。换句话说,黑客是借用了受害者自己的计算机这把"刀",刺向了受害者自己的信息系统这个"人"。

实际上,黑客的任何攻击行为都最多只能在某些特定环境中发挥作用,从来就没有百发百中的攻击方法。这意味着只有当黑客的攻击行为能从目标系统中"借到刀"时，它才能"杀人"，否则就可能全然无效，更不可能给目标系统造成什么损失。

比如，计算机病毒是黑客的常用撒手锏。而病毒的最大特点之一，就是其寄生性。或者说，在通常情况下，计算机病毒都会寄生到其他正常程序或数据中，然后在此基础上利用一定的媒介开始传播。在宿主计算机的实际运行过程中，一旦满足某种既定条件，病毒就会被激活，甚至会随着程序的运行而不断修改和运行宿主计算机中的相关文件和数据，并对计算机的主人造成损害。但是，只有当计算机病毒被植入合适的宿主后，这些病毒才能生存、才能传播、才能隐身、才能发挥其既定的破坏作用。或者说，才能"借到刀"、才能"杀人"。比如，哪怕是最先进的计算机病毒，当它只是被植入落后的计算机中时，病毒将不能"借到刀"，更无法"杀人"，甚至压根儿就不能造成任何损失。

所以，颇具讽刺意味的是：越是古老的计算机或手机，就越能抵抗最先进的病毒攻击。难怪许多保密场所的手机都是老古董。

➡➡**逻辑炸弹与以逸待劳之计**

以逸待劳之计很难生搬硬套到网络世界，毕竟在网

络对抗中几乎没有"劳"和"逸"的概念。不过,若仔细挖掘以逸待劳的核心要点,不难发现其中的"劳"与"逸"在网络攻防活动中更像是"动"和"静"。因此,网络安全中的以逸待劳之计便可陈述为"以静待动之计":积极准备,伺机待发。

如此一来,此计在网络世界中的应用就非常普遍了。逻辑炸弹便是一个例子。

逻辑炸弹很像是物理世界中的定时炸弹,只不过此时的引爆条件不再只是"定时"那么简单,而是某种特定的逻辑条件。此时的"爆炸"也不再限于传统含义,而是指各种可能的破坏行为,比如,扰乱计算机程序,致使数据丢失,摧毁磁盘,甚至瘫痪整个系统,造成物理损坏的虚假现象等。

实际上,逻辑炸弹只是一种特定的计算机程序。它们事先已被有意或无意、善意或恶意地植入了计算机。平时,逻辑炸弹都处于休眠状态(相当于以逸待劳之计中的"逸"),所以很难被发现,更难被清除;一旦时机成熟,它们便突然"爆炸"(相当于以逸待劳之计中的"劳")。这里的"时机"便是预设的各种逻辑条件,比如预定的时间、预定的软硬件环境、预定的计算机运行状态或预定的指令等。

设置逻辑炸弹并非都是出自恶意,也可以出自善意。比如,为了防止火箭失控造成误伤,经常都会在火箭控制系统中预设某种逻辑炸弹。若火箭升空后出现跑偏等异常情况,逻辑炸弹就会被引爆,使火箭在空中自毁,以确保地面安全。不过,无论善意或恶意的逻辑炸弹,都有可能因逻辑条件被意外满足而意外引爆,这也是网络对抗中攻防双方需要争夺的另一个战术要点。

➡➡舆情引导与趁火打劫之计

在网络对抗中,最直观的趁火打劫案例,可能当数全球每天都在上演的舆情大战,特别是基于自媒体的舆情大战。许多舆情当然出自相关网民的真实想法,但更主要的舆情其实归因于暗地里有组织的黑客行为。他们不惜造谣生事,掌控节奏,一方面千方百计扩大自己的声音,甚至雇用大批网络推手,或启用大量的智能软件来呐喊助阵;另一方面也不择手段打压对方的发声渠道,甚至查封对方账号,毁坏对方网络,或制造其他爆炸性新闻以转移大众视线等。

目前,国际舆论场上正被趁火打劫的当事者肯定要

数俄罗斯和乌克兰。

双方刚开战不久,视频分享网站"某兔"就立即禁止俄方主要官媒在欧洲发布信息,"某书"等平台也采取了类似措施。紧接着,"某特"就宣布将为来自俄罗斯政府的帖子打上特殊标签,以便网民识别。微软公司也宣布不再展示俄罗斯官方的产品和广告,并在其应用商店中下架了俄方的相关APP。苹果公司暂停在俄罗斯销售手机并限制了苹果支付功能,今日俄罗斯和俄罗斯卫星通讯社的APP也被苹果应用商店下架。总之,全球最大的社交平台和应用市场都对俄罗斯关闭了大门,使俄方的主要官媒在西方已基本成了哑巴。

与俄罗斯处境相反的是,乌克兰的舆情信息却能在全球各大自媒体平台上畅通无阻地传播,其中许多消息当然会带有明显的倾向性。到目前为止,在西方的舆论场上,俄罗斯基本上已被彻底孤立,已成为众人唾骂的反面典型。即使是在非洲、亚洲和南美洲的非西方盟国中,那些对俄罗斯有利的舆情也在不同程度上受到了打压。此外,俄罗斯的既有舆情平台更受到黑客攻击,以至俄罗斯国家电视台、俄罗斯中央银行网站和全俄国家广播电视公司的网站都曾被多次搞瘫,俄国官方报纸《俄罗斯报》的网站也常受影响。

➡➡隐写技术与声东击西之计

声东击西之计绝不能生搬硬套到网络安全的场景中,毕竟在网络中没有"东"或"西"等直观概念,它们其实该替换为"彼"和"此"等概念。即"声彼击此":声称自己是在干这件事情,实际上却是在干另外一件事情;声称某物是这种东西,实际上它却是另一种东西;让某条信息看起来像是这样的,实际上它是那样的;等等。总之,声东击西意在极力用假象迷惑对方,极力伪装真实意图,用灵活机动的行为转移对方注意力,使其产生错觉,以期出奇制胜。

隐写术就是典型的声东击西之术。比如,只需在字距或行距上进行肉眼无法觉察的微调,就能在一部《红楼梦》的文本文件中隐藏一份机密情报;只需通过预定的数据插入,就能在一首听起来与原唱一般无二的歌曲中隐藏另一段保密语音或文本文件;只需采用适当的像素替换等处理方法,就能在一张完全看不出破绽的飞机照片中隐藏一只猫、一段话或一篇文章;等等。更一般地,只需对视频数据进行巧妙的帧处理,就能在一段正常的电视节目中隐藏许多其他内容,比如,另一段视频、一张机密地图、一段录音或一份涉密文件等。

在某些情况下,隐写术几乎不可替代。设想这样的情景:某间谍已窃得一份重要情报,他想在早已被严密监控的环境中将该情报安全传回总部。如果他使用惯常的加密方法,即使他的密码强度很高以至监控者根本无法破译,他也仍然无法完成任务。实际上,监控者只需采用简单的白名单法则就能让加密手段无计可施,即只要是读不懂的信息(信息被加密后都会变成读不懂的乱码),监控者就一律将其销毁。

但是,若该间谍改用隐写术,他就可以先将那份机密情报变成一张世界地图照片,然后在监控者的眼皮底下,名正言顺地将该照片发回总部,毕竟监控者看到的只是一张毫无问题的正常世界地图。当该照片传回总部后,那份机密情报便可从中轻松恢复出来。

▶▶ 势均力敌的攻防技巧

在网络对抗中,特别是在攻防双方互不知情时,很难事先判断到底是谁占有优势地位。这时,只好假设双方势均力敌,于是,下面六个计谋便可粉墨登场了。

➡➡ 电信诈骗与无中生有之计

在网络对抗中,最直观的无中生有之计可能当数造谣和诈骗了。甚至有人认为,谣言将成为未来信息战的最致命武器之一。难怪在最近的俄乌战争中,各种谣言层出不穷,有的是很容易被识破的低水平谣言,有的是只把真话讲一半的高水平谣言,有的是以辟谣方式制造的谣言,有的是某些人精心策划的谣言,有的是经官方背书的权威谣言,有的是希望网民被频繁洗脑后坚信不疑的谣言,等等。

大家最熟悉的无中生有攻击,可能当数每天都在发生的电信诈骗。此时施计者将以看似合法的身份,通过电话、网络和短信等方式,无中生有地捏造虚假信息,设置骗局,对受害者实施非接触式的远程诈骗。

据相关机构统计,目前国内出现最多的电信诈骗主要有三类:

一是冒充社保、医保、银行和电信等工作人员。以欠费、扣费、消费确认、信息泄露、案件调查、系统升级、验资证明等为借口,以提供所谓的安全账户等为手段,引诱受害者将资金汇入骗子指定的账户。

二是冒充公检法或邮政人员。以递送法院传票和涉嫌邮包藏毒等为借口,以传唤、逮捕、冻结存款等为恐吓手段,逼迫受害者向指定的账户汇款。

三是以廉价机票、车票或违禁品为诱饵,利用当事者贪图便宜的心理或好奇心,引诱受害者就范,自愿预交订金等子虚乌有的款项。

此外,电信诈骗的方式至少还有诸如冒充熟人、通知中大奖、提供无抵押低息贷款、发布虚假广告、假装高薪招聘、虚构退税、验证银行卡消费、冒充黑社会敲诈、虚构绑架或车祸等。总之,骗子们无中生有的骗术实在太多,无法一一罗列。不过,你只需记住,千万别与他谈钱。

➡➡后门漏洞与暗度陈仓之计

在网络安全领域,"明修栈道,暗度陈仓"的案例数不胜数。

有些是以民用的"明修栈道"来实施军用的"暗度陈仓"。比如,民用的"星链"卫星网络,就在俄乌战争中发挥了重要的军事作用。

有些是以善意的"明修栈道"来实施恶意的"暗度陈仓"。比如,某些高级的复印机或传真机中就藏有间谍设备,它们在正常工作时,会将所处理的文件内容扫描后悄悄发送给预先指定的特殊机构或个人,实现其窃密目的。

网络中比较直观的暗度陈仓技术,可能当数所谓的后门技术。它是网络系统中的一种特殊隐蔽方法,用于绕过既定的安全防范措施,达到黑客的攻击目的。比如,通过后门技术来躲过计算机、算法、芯片和产品等的既有身份验证或加密过程,获得计算机的远程访问权、加密系统的明文阅读权、数据库文件删改权或网络信息传输权等。

后门可以再细分为软件后门、硬件后门和固件后门等。其中,最为常见的是软件后门,它能绕过软件的安全性控制,从隐秘的通道取得对程序或系统的相关权限。软件后门的形式也是多种多样,既可能是程序的隐藏部分,也可能是一个单独的程序,还可能是某个固件中的代码,又可能是操作系统的一部分等。

由于各种后门不可避免,暗度陈仓便成了网络攻防的一种基本手段。比如在软硬件开发过程中,为了方便修改和测试系统的缺陷,通常会有意设置某些后门。一旦这些后门被黑客恶意利用,就可能带来隐患。

在软硬件产品发布前,有时也会封闭这些后门以免威胁信息系统的安全,但有时也会刻意保留某些后门以便今后的软硬件升级等。

此外，所有人造系统都难免出现失误，其中某些失误可能就会形成系统漏洞。一旦这些漏洞被黑客发现，它们就可能成为随后发动攻击的后门。

➡➡态势感知与隔岸观火之计

在隔岸观火方面，网络具有天生的压倒性优势，因为网络的最大特长就是信息的收集与处理，就是"观火"，而且还是远程"隔岸"的"观火"。所以，对网络世界的信息强者来说，隔岸观火绝对是他们的撒手锏。

若从纯技术角度看，最典型的网络安全隔岸观火技术之一，可能当数安全态势感知。它以资产为核心，通过公开的漏洞信息、恶意域名、代理攻击等信息与资产匹配，然后呈现出目标网络的安全风险状况。它通过对大量安全要素的感知，理解其安全意义，预测其安全状态。

安全态势感知的三要素分别是：

• 感知。通过各种检测工具，对影响目标系统安全的要素进行检测，采集其中的重要数据，感知和获取环境中的重要安全线索和元素。

• 理解。对采集到的数据进行分类和关联，然后进行融合，并对融合信息进行综合分析，从而摸清整体安全状况,并从定性和定量两个方面做出态势评估。

• 预测。基于前面的感知和理解,预测相关安全知识的发展趋势,并将该趋势以可视化的方式展现出来。

总之,安全态势感知的基础是大数据。它借助数据整合和特征提取等手段,利用态势评估算法生成目标网络的当前整体状况,并预测今后的发展趋势。最后以可视化的方式将结果展示出来,让管理者更清晰地"隔岸观火",并伺机采取相应措施。

➡➡利诱骗局与笑里藏刀之计

网络对抗中的笑里藏刀可以广泛理解为表面上看似善意,实际上充满恶意的攻击行为。此计之所以能在网络世界长盛不衰,主要是因为它充分利用了受害者的某些人性弱点。

比如,贪婪心理,即利用受害者对事物(特别是财富)的占有欲或喜欢贪小便宜的习惯来实施攻击,让受害者相信天上真能掉馅饼,然后引诱他上当受骗。

又比如,同情心理,即声称自己或亲友遭灾,急需好心人帮忙,激起受害者的同情心,然后实施攻击。

目前,网上最直观的笑里藏刀,当数以下几类常见的

利诱式网络诈骗活动：

• 通知中奖。冒充某些知名企业，预先设计好精美的虚假中奖通知书，以多种方式广泛发送给潜在的受害者，再以缴纳个人所得税等各种借口，诱骗对方向指定银行账号汇款。

• 以兑换积分为名进行诈骗。施计者广泛拨打电话，谎称潜在受害者的手机积分可以兑换精美礼品，诱使其点击钓鱼链接，向虚假网址输入银行卡号、密码等隐私信息。于是，受害者银行账户的资金将被瞬间转走。

• 二维码扫码诈骗。以加入某某会员享受特价或奖励等为诱饵，骗得受害者扫描特定二维码，趁机将二维码中附带的木马病毒植入受害者的手机。

• 以重金和美色为诱饵的求子诈骗。施计者以美女之名谎称愿出重金借精求子，引诱当事人上当，之后再以缴纳诚意金、检查费等为由实施既定诈骗。

• 以高薪招聘为诱饵的诈骗。施计者通过群发信息，以高薪等优惠条件为名招聘某类专业人士，并要求其到指定地点面试，随后再以缴纳培训费、服装费、保证金等为由实施既定诈骗。

针对上述几种笑里藏刀的骗术,必须提醒大家:不轻信,不透露,不转账。若有必要,可拨打110咨询,发现被骗立即报警。无论骗子怎么表演,其最终目的都是骗钱。因此在核实前,只要捂紧自己的钱包就行了。

➡➡拒服攻击与李代桃僵之计

在网络对抗中,最直观的李代桃僵技术,可能当数著名的拒绝服务攻击(简称"拒服攻击")或其增强版:分布式拒绝服务攻击。

比如,有一种名叫"呼死你"的防骚扰电话设备,它其实就是不断地给骚扰电话的机主打电话。如果机主不接听,他就无法拨出更多的骚扰电话;如果机主接听,"呼死他"就立即挂断并再次拨号,直到骚扰者放弃骚扰别人为止。

网络拒绝服务攻击的原理同样简单。实际上,在服务器和客户端的连接过程中,信令会经过三次请求和应答,只有当每次应答都正确无误时,服务器才能提供随后的正常服务。于是,拒绝服务攻击便可以这样展开:

黑客首先通过自己的客户端向服务器发出一个正常的初始请求;

然后，服务器会按正常规则反馈一个应答，即第二次应答，并等待黑客的进一步应答，即第三次应答。

在正常情况下，服务器应该在验证了黑客的第三次应答后才开始提供正常服务。可是，黑客在拒绝服务攻击时却始终不返回第三次应答，服务器只好耐心等待，直到既定的等候时间结束后才开始接受其他用户的请求。这当然就影响了服务器的整体性能。

形象地说，黑客的本意是想攻击服务器，但因其能力所限，只能攻击服务器与客户端之间的链接，从而上演了一出"李代桃僵"。

拒绝服务攻击之所以能生效，关键是因为找到了能影响"桃树"性能的"李树"。比如，在服务器与客户端的请求和应答过程中，假若黑客的初始请求本来就无效，那么服务器就不会受理其请求，服务器的性能也不会受到任何影响，相应的拒绝服务攻击也会以失败告终。

➡➡系统漏洞与顺手牵羊之计

顺手牵羊在网络对抗中仍是一个常用计谋，甚至随处可见。实际上，黑客攻击的主要思路是发现目标系统的既有漏洞，然后利用这些漏洞（哪怕是非常微小的漏洞)来顺手牵羊地完成攻击任务。

什么是漏洞呢？若从纯技术角度看,漏洞就是系统中硬件、软件和协议等的安全缺陷,它们可以使黑客在未经授权的情况下访问或破坏系统。漏洞可以出现在网络系统的生命周期中的各个阶段,包括但不限于设计、实现、运维和销毁等阶段,并随之引发各种安全问题,影响系统的机密性、完整性、真实性、可控性、可用性、可靠性和不可否认性等安全性能。

随着社会信息化程度的不断提高,新发现的漏洞会越来越多,新漏洞从发布到被黑客利用的时间会越来越短,漏洞造成的损失会越来越大。高级黑客不但会充分利用已知漏洞发动攻击,还会自己挖掘和利用一些未公开的新漏洞,甚至出售漏洞信息以获取暴利。因此,漏洞挖掘已成为网络安全界的前沿热门课题之一。无论是攻方还是守方,都已在该方面投入了大量人力和物力。甚至还设立了国家信息安全漏洞共享平台,既广泛收集各种漏洞成果,积累已知漏洞的知识;又用重金奖励漏洞研究方面的杰出人才,尽可能多地发现未知漏洞;还积极研究漏洞的应用和弥补对策等。

若从形成原因来看,漏洞可粗分为四类:程序逻辑结

构造成的漏洞、程序设计错误造成的漏洞、开放式协议造成的漏洞、人为因素造成的漏洞(特别是因管理员的安全意识淡薄而造成的漏洞)。

若从人类对漏洞的了解情况来看,漏洞又可分为以下三类:

一是已知漏洞,即那些早已被发现和使用的公开漏洞。

二是未知漏洞,即那些已经存在但暂未被发现的漏洞。此类漏洞虽然暂未威胁到网络安全,可一旦某天被某位黑客发现并利用,其后果将难以预料。

三是零日漏洞,即那些刚被发现还没来得及开发安全补丁的漏洞。这类漏洞可能暂时只掌握在极少数人手里,暂时属于高级机密。若重要的零日漏洞掌握在政府手中,那在关键时刻就可能变成网络战的撒手锏。

▶▶ 以攻为守的攻防技巧

明知蜀国的综合实力不如曹魏,诸葛亮为什么仍要六出祁山呢?其实,在很大程度上,诸葛亮是想以攻为守。与此类似,在网络对抗中,在许多情况下,以攻为守也不失为一种有效战略。

➡➡网络扫描与打草惊蛇之计

在网络对抗中,避免打草惊蛇的最谨慎行动就是不动或少动。因此,黑客的攻击过程经常都会将时间和空间分割成若干碎片,每次只在一个或很少几个碎片上行动,从而在很大程度上缩小目标,尽量降低被对方发现的可能性。

比如,以蠕虫病毒为代表的许多恶意代码在被植入目标主机后,几乎都会处于"静若处子"的休眠状态,直到发起总攻时才会突然"动若脱兔",将破坏发挥到极致。

又比如在分布式拒绝服务攻击发动之前,各个枪手(僵尸机)都会不动声色地分别隐藏在全球各地的机房中,待到时机成熟时再一哄而上,在同一时刻向目标主机发起请求,直到主机"累死"为止。

还比如,在网络诈骗活动中,骗子绝不会一上来就要求受害者汇款。他一定会按照既定剧本,按时间顺序,一步一步地将受害者引向圈套,使得每一步都显得顺理成章,每一步都不会打草惊蛇。直到最后一步时,受害者将迫不及待地向对方汇款,甚至连警察或银行经理都拦不住。

与上述谨慎行动相反,网络对抗双方有时也会主动

打草惊蛇。比如,采用佯攻方法打草惊蛇的典型技术之一,便是网络扫描。

具体说来,黑客的网络扫描有助于摸清敌情,摸清"草丛"下面是否有"蛇",了解目标系统的兵力分布情况和薄弱环节漏洞,因此它可看成是黑客在发动攻击前的踩点活动。此时黑客所使用的扫描器其实是一种能够自动检测本地或远程主机安全漏洞的程序,它还能及时反馈扫描结果。

粗略说来,网络扫描的原理是:扫描器先主动向目标主机发送数据包(相当于主动"打草"),然后根据主机反馈的信息来判断对方的某些信息,甚至发现主机的某些漏洞(相当于"惊蛇")。当然,若黑客扫描太频繁,也可能被主机发现,甚至触发主机启动相应的防范措施。因此黑客会根据不同的目的,把握好扫描的频度,最好是既能投石问路,又不会暴露行踪。

➡➡数据恢复与借尸还魂之计

借尸还魂是黑客最重要的制胜法宝之一,也是很容易被普通人忽略的漏洞之一。比如,黑客只需盯紧你的垃圾箱,便能从你扔掉的"旧纸堆"(相当于欲借之"尸")里,轻松盗取某些重要隐私数据(相当于待还之"魂")。

实际上，世界头号黑客米特尼克之所以能大摇大摆闯入美国中央情报局，就是因为他在该机构的垃圾箱中捡到了空白入门证。又比如，黑客只需从废品站廉价收购旧手机或旧计算机等，便能借助先进的数据恢复技术，轻松获得用户的许多重要数据。黑客利用废旧设备盗取机密信息的案例数不胜数。

如何破解黑客的这种借尸还魂之计呢？

由于硬盘是网络数据的主要载体，硬盘的安全销毁自然尤其重要。当计算机或手机报废后，硬盘中的数据几乎都能被高手重新恢复出来，哪怕你事先已执行过删除操作或已将磁盘砸坏。硬盘数据的销毁工作之难，恐怕远远超过普通人的想象，以至某些重要机关不得不设置专门的"数据销毁中心"。

反过来，假若我方的信息系统遭到了黑客或意外力量的毁灭性打击，那么是否有某种"借尸还魂"的安全技术能让我们从废墟中（相当于"尸"）恢复出受损的信息资产（相当于"魂"）呢？

有，当然有，它就是灾难恢复技术，其目的是让我方重新启用信息系统的数据、硬件及软件设备，恢复正常业务。该技术的核心就是对目标系统的灾难性风险做出评

估和防范,特别是对关键业务数据和流程给予及时的记录、备份和保护。

数据恢复或灾难恢复都是借尸还魂的重要手段,只要巧加利用,就能在尽可能短的时间内让被毁系统尽可能多地恢复正常业务。

➡➡**蜜罐技术与调虎离山之计**

对付黑客的最直观的调虎离山技术之一,可能当数蜜罐技术。

形象地说,蜜罐技术是为黑客虚构一个足以乱真的假目标。引诱黑客前来攻击这个假目标,并不断让黑客尝到某些甜头,使他越来越卖力地施展才华,亮出自己的绝活。此举不但以调虎离山的方式分散了黑客攻击真目标的兵力,拖延了黑客攻击真目标的时间,还让黑客在攻击假目标过程中,不知不觉暴露自己的拳脚功夫。更让我方有更多机会知己知彼,甚至有针对性地打造出相应的必杀绝技。

用行话来说,蜜罐技术中的蜜罐是这样一种安全资源:它的角色是扮演诱饵,故意引诱黑客的扫描和攻击。蜜罐并不向外界提供任何服务,所有进出蜜罐的网络流量都是非法操作的结果,都可能预示着黑客的扫描和攻击。蜜罐的核心价值在于对黑客的非法操作进行监视、检测和分析,从而为真目标的防守提供参考对策。从黑客的角度看,蜜罐的外形与真目标几乎相同,只不过蜜罐系统带有若干故意暴露给黑客的漏洞。正是这些虚假示弱的漏洞引来了黑客的攻击,也为我方侦察敌情提供了便利。

为了更有效地调虎离山,蜜罐的部署也不能马虎行事。比如,若按地理位置分类,蜜罐部署可分为单点部署和分布式部署:前者将蜜罐系统部署于同一区域,其部署难度小,但作用范围有限,风险感知能力弱;后者将蜜罐系统部署于不同地域,然后利用分布在不同区域的蜜罐来收集攻击数据,因此其数据收集能力强,监控数据全面,能更有效地感知总体攻击态势,但部署难度较大,维护成本较高。

若按归属特性划分,蜜罐部署可分为内部和外部两种。前者将蜜罐部署于真实的业务系统内,有利于提高蜜罐诱惑力,但黑客也可能将蜜罐作为跳板,立即调转枪头攻击真实系统,因此需要严格监控和数据隔离。后者让蜜罐与真实系统处于相互隔离状态,避免黑客将蜜罐作为跳板,但也降低了对黑客的诱惑力。

➡➡勒索病毒与欲擒故纵之计

在网络安全领域,最具代表性的欲擒故纵技术,当数最近几年突然兴起并席卷全球的勒索病毒。若你不幸中招,你将发现你的某些重要数据,竟被莫名其妙加密了;更可恨的是,黑客还会很客气地留下一封短信,温馨提醒你尽早支付赎金,并承诺一手交钱,一手恢复数据。从此以后,黑客就不再主动联系你,好像已对你彻底放纵,但其实他始终都牢牢擒住你,直到你乖乖交出赎金为止,除非你愿意放弃你的数据。

许多中招者的最初反应都是很不服气,要么千方百计破译黑客的密码,要么冲到公安局报案,反正总想与那位看不见摸不着的黑客来场决斗,拼个你死我活。可黑客压根儿就不接招,甚至不再露面——也许他正躲在一旁,一边品茶,一边欣赏你的痛苦挣扎呢。一段时间后,筋疲力尽的你将发现自己根本无计可施,只好束手就擒,老老实实交出赎金。

在勒索病毒的"欲擒故纵"之下,不知有多少受害者都被牢牢擒住了。比如,仅在 2022 年,影响全球的勒索病毒事件就至少有以下几起:某国政府被敲诈两千万美元;巴黎某著名医院被敲诈一千万美元;某全球顶级律师事务所先是只被敲诈三百万美元,后来律师想与黑客打官司,结果黑客"呵呵"一笑就将赎金加倍,最后该律所被敲诈了六百万美元;意大利某著名铁路公司被敲诈五百万美元;美国某市政府被敲诈五百万美元;罗马尼亚某石油公司被敲诈两百万美元;澳洲某电信运营商被敲诈一百万美元;甚至连某著名芯片公司也被敲诈一百万美元。

➡➡网络欺骗与抛砖引玉之计

作为一个计谋,抛砖引玉的含义其实异于同名成语。此计泛指用类似的事物去迷惑对方,使其上当,从而达到己方目的。就像用诱饵钓鱼,先让鱼儿尝到甜头,再让它上钩。此计中的"抛砖"只是手段,"引玉"才是目的,即让对方顺从我方意愿。此计若想生效,施计者必须充分了解对方,包括对方的诉求、能力、心理和性格等,否则就根本引不来"玉"。

在网络对抗中,从"引玉"的诱惑角度来看,黑客的钓鱼攻击和前面介绍过的蜜罐都是非常形象的抛砖引玉技术,只不过蜜罐的上当者是黑客,而钓鱼攻击的上当者则主要是普通网民,以至钓鱼攻击已成为当今最令人防不胜防的黑客攻击手段之一。粗略来说,所谓的钓鱼攻击就是黑客利用电子邮件等电子手段来伪造某种权威身

份，以此获取目标人员的敏感信息。

钓鱼攻击的抛砖引玉过程可以分为以下三个步骤：

第一步，准备诱饵。为了提高诱饵对目标人群的诱惑力，黑客要充分了解对手，以便有的放矢。

第二步，抛诱饵或"抛砖"。这也是整个钓鱼过程中技术含量最高的环节。比如，黑客若是低级"渔夫"，他将会用陌生身份和外部邮箱直接群发钓鱼邮件。黑客若是中级"渔夫"，他将冒充某单位的高管、权威和贵客等身份下发钓鱼邮件。黑客若是高级"渔夫"，他将利用邮件系统自身的安全漏洞来绕过既有的安全检测等防护措施，并在各方面都几乎足以以假乱真。

第三步，收网或"引玉"。黑客成功获取咬钩者的重要隐私信息。有些"渔夫"一次只钓到少数几个网民，有些"渔夫"则可能一次钓到大批量的网民。

比如，国内一家著名网络公司的几乎全体员工，都于2022年5月24日自愿"咬钩"，被黑客"钓"走了包括系统口令等在内的许多重要隐私信息。原来，这位黑客竟然冒充该公司老总，通过群发邮件向员工宣布涨薪喜讯，大家自然迫不及待，争相点击附件查看自己的"工资单"，从而让黑客成功"引玉"。

➡➡智能跟踪与擒贼擒王之计

擒贼擒王当然也是网络对抗中的一个关键计谋,即使你有足够的实力可以擒王,但若你不能准确判断到底哪个才是王,那么此计对你来说就形同虚设。毕竟,网络对抗只是你与众多黑客之间的远程的、无身体接触的信息交互,很难判断他是不是王了。毕竟,针对同一个网络或信息系统,若攻防的目的不同,相应的王也就不同,擒王的策略更会不同。例如,你若想跟踪进出该系统的黑客行为,首选的擒王策略可能就是数据审计和溯源。你若想阻止黑客进入该系统,首选的擒王策略可能就是安装防火墙或加强边界防护等。

实际上,全球所有黑客和网络安全专家都在瞄准各自认定的王,执行着自己认定的擒王策略。在同等实力的情况下,谁的擒贼擒王策略运用得好,谁就是赢家;谁若错判了王,谁就会徒劳无功。

因此,实施擒贼擒王之计的难点和重点其实是判断谁才是王,这可能也是网络对抗与现实战争的主要区别之一。毕竟,后者的王很直观。

如何破解对方的擒贼擒王策略呢?其实思路很简单,那就是对小王和大王等不同级别的王,进行不同力度

的保护,让对方擒不住想擒之王。为此,全球各国都针对自己的特殊情况,制定了各自的网络安全等级保护策略。比如,根据《信息安全技术—网络安全等级保护基本要求》(GB/T 22239－2019),我国的网络安全保护力度从低到高,分为五个等级,感兴趣的读者可自行查阅。

▶▶敌友难分的攻防技巧

若三个或更多的利益方介入了网络攻防大战,那么就很难再区分敌友了。实际上,每个人在守卫自身系统的同时,都可能向其他各方发起攻击。于是,在这种多方混战的情况下,以下的六个计谋就值得深入研究了。

➡➡安全管理与釜底抽薪之计

在网络对抗中,运用此计的重点和难点都在于准确判断何为"薪";或者说,在现有实力的情况下,何为自己能以最高性价比抽出的那个"薪"。一般来说,"釜"是很明显的,即网络对抗中的那个目标系统;而"薪"却十分隐蔽,它甚至是攻防双方重点寻求的靶子。

如果将"非薪"误判为"薪",你当然无法"抽薪",更不能"止沸",就像攻入蜜罐的黑客那样;如果将"小薪"误判为"大薪",那么"抽薪"后的止沸效果也不好,就像那些试图通过删帖来封锁网络舆情的管理员那样;如果将"大薪"误判为"小薪",你可能根本没实力抽出该"薪",自然也不能"止沸",就像你试图单枪匹马采用断电方法去攻击一个超级大国那样。

如何构建一个固若金汤的网络安全保障体系,使得黑客很难进入"釜底",更难"抽薪"呢?

针对一个网络系统,特别是大型的、面向公众服务的网络系统,该系统的运营者或所有者在防止被黑客"抽薪"方面扮演着关键角色。比如,运营商必须依照国家相关法律、法规、条例和标准,采取先进的技术措施和其他必要手段应对网络安全事件,防范网络攻击等违法活动,保障网络系统的安全稳定运行,维护系统完整性、保密性和可用性等安全特性。

在预防被黑客"釜底抽薪"方面,安全管理的重要程度超乎许多人的意料。实际上,网络安全是"三分技术,七分管理"。

安全管理措施至少应该包括以下五个方面:

一是建设安全管理体系。

二是强化关键岗位工作人员的职责,特别是严抓关

键人员的录用、离岗、安全意识教育和培训,严抓关键岗位的人员来访制度。

三是充分发挥安全管理机构的作用,明确其在安全保障工作中的职责。

四是强化安全监测和评估机制,提升安全建设的迭代升级能力和安全事件应急处置能力,充分重视安全监控、应急演练、安全检测和风险评估等工作。

五是确保重要安全制度得到圆满落实。

➡➡数据挖掘与浑水摸鱼之计

在网络对抗中,最为形象的浑水摸鱼技术之一,可能当数大数据挖掘技术。该技术能从混乱不堪的大数据中,挖掘出许多本来隐藏在"深水"中的"大鱼",发现数据中的若干隐形规律,甚至给出某些精准预测,等等。

为了用浑水摸鱼思路来重新演绎大数据挖掘技术,我们先来探一探大数据这潭"浑水",看看什么是大数据,它到底有多"浑"。

粗略说来,大数据就是杂乱无章的巨量数据集合所形成的数据海洋。该海洋的混乱程度之高,已无法通过普通软件在合理时间内对其进行处理了;只能采取全新的模式,借助更强的决策力、洞察力、计算力和优化力才能从中"摸鱼",否则摸鱼者本人就会被淹没在混乱的数据海洋中而迷失方向。

今天我们之所以能在大数据的"浑水"中摸到"鱼",主要归功于大数据挖掘等技术的重大突破。甚至就当前的现实情况来说,"大数据隐私挖掘"的杀伤力,已经远远超过了"大数据隐私保护"所需要的能力。这是因为自互联网诞生以后,在过去几十年中人们都毫无保留地将若干碎片信息永远遗留在网上。其中,每个碎片虽然都完全无害,可谁也不曾意识到,至少没有刻意去关注到这样的事实:当众多无害碎片融合起来,竟然后患无穷!

无论大数据之水有多"浑",借助大数据挖掘技术,我们总能摸到某些"鱼"。不过,从大数据的"浑水"中可以摸到的"鱼"种类繁多,有的会行善,比如及时发现黑客的攻击行为;有的会作恶,比如泄露用户的隐私;有的与网络安全有关,比如获取犯罪证据。但更多的"鱼"却涉及日常生活的方方面面,包括但不限于预测流感趋势或选举结果、精准投放广告、最佳路线导航、优化城市规划、管理库存、发现潜在规律、确定保单定价等。

由于大数据变得越来越重要,从大数据的混浊"海

洋"中摸到的"鱼"也会更重要。随着大数据、云计算、物联网和移动互联网等技术的深度融合,大数据之"鱼"将有更多的来源和去处。

➡️➡️灾备技术与金蝉脱壳之计

金蝉脱壳之计的关键在于"脱"。它有两层含义:一是脱身,二是分身。

这里的"脱身"是指,为了摆脱困境,先把外壳留给敌人,自己脱身而去。留给敌人的外壳只是一个虚假的外形,对我方实力影响不大,却能给敌人造成错觉。比如,前面介绍过的蜜罐技术,就含有某种脱身意味。

这里的"分身"是指,在遇到多股敌人时,为避免腹背受敌,可以对先来的敌人虚张声势,使其不敢轻易来犯,而暗中抽调主力去攻击后来之敌;待事成之后,再回过头来进攻原先的敌人。

在网络对抗中,灾难备份技术(简称"灾备技术")可能是最像"分身术"的金蝉脱壳技术之一。

灾备技术其实很简单,因为连兔子都懂"狡兔三窟"。所以,大灰狼若想死守某个兔洞;那么这种"灾",在兔子的三窟之"备"面前,就早已灰飞烟灭。兔子完全可以轻轻松松就金蝉脱壳。青蛙也是灾备专家，它知道蝌蚪的存活率极低，面临的天敌和灾难极多，所以在产卵时就采取了灾备思路：一次产个成千上万粒，总有几粒能闯过层层鬼门关，完美实现金蝉脱壳，其他夭折的蝌蚪就当是那留在树枝上的蝉蜕吧。蚂蚁更是灾备专家，它们随时都在"深挖洞，广积粮"，随时都准备着金蝉脱壳。其实，几乎所有生物都是灾备专家，因为它们都已深刻理解并完美运用了灾备技术的核心，即冗余。否则，面对众多意外灾难和杀戮，生物们早就灭绝了。

灾备技术其实也很复杂，甚至在网络安全的所有保障措施中，灾备的成本最高，工程量最大，使用的技术最多，几乎所有网络安全技术都可看成灾备的支撑。

网络安全中的"灾"，主要是指黑客攻击等造成的信息灾，比如，系统的计算资源受损、存储资源受损、传输资源受损、信息内容受损或网络服务质量受损等。信息灾既可能造成有形资产的损失，也可能造成无形资产的损失。

网络安全中的"备"，主要是指由技术和管理等手段组成的防灾和容灾等措施。因此，所谓的灾备就是要利用技术和管理等手段，确保信息系统的关键数据和关键

业务等在灾难发生后可以迅速恢复。

➡➡入侵检测与关门捉贼之计

在网络安全领域,能够体现关门捉贼思路的技术很多。比如病毒查杀,即将病毒"关"在被它感染的计算机中,然后反复测试它的各方面特性,直到最终找到足以消灭它的补丁,再将这些补丁广泛安装到其他未被感染的计算机中。又比如,漏洞挖掘、威胁检测及其补丁发布,也是与病毒查杀类似的关门捉贼技术。

下面重点介绍一种非常经典而形象的关门捉贼技术:入侵检测。准确地说,是由入侵检测、防火墙和加密技术联合打造的关门捉贼技术体系。

顾名思义,入侵检测就是及时发现并报告黑客动静,甚至预测黑客的攻击行为等。在很长一段时间内,入侵检测都与密码和防火墙一起作用,它们扮演着彼此互动的保护网络安全的"三剑客"角色。

"三剑客"关门捉贼的基本逻辑是:

首先,由入侵检测发现或预测黑客的攻击,包括内部攻击和外部攻击,并及时将"门内有贼"的情况报告给防火墙。

其次，当防火墙收到警报后，便立即采取行动。比如，赶紧加强门卫，开始关门捉贼；调整相应的安全设备配置，既不让外面的黑客进入，也不让内鬼溜掉；赶紧亡羊补牢，清查可能已经入侵的木马等恶意代码，必要时还会向管理员报告，启动人工干预等。

最后，即使黑客的攻击已经成功，比如已偷走相关绝密信息，那也还有密码在那里挡住去路，让黑客空欢喜一场。除非黑客能够破解密码（这通常是非常困难的），否则前面的所有行动都将功亏一篑。

虽然"三剑客"的地位已大不如从前，但它们的历史功绩不可否认，特别是在联合演绎关门捉贼之计时的默契配合。与密码和防火墙相比，入侵检测始终都站在与黑客斗争的前沿，它总是干一些零碎的具体工作，例如黑客想偷鸡，它就忙守夜；黑客要摸狗，它就随时瞅；黑客兵来，它就将挡；黑客水来，它就土掩。总之，入侵检测事无巨细，苦劳不少，随时都以 7×24 小时的节奏为网络安全站岗放哨。

➡➡内外兼顾与远交近攻之计

远交近攻之计显然不能生搬硬套到网络安全领域，因为在网络世界里几乎没有物理意义上"远"或"近"的概

念,网络信息可以瞬间到达全球任何地方。此外,国际外交中的"交"显然也主要是人文概念,几乎没有网络对应物。因此,为了更准确地理解网络安全中的远交近攻之计,就必须搞清此计的网络含义。

首先,在远交近攻中的"交",是与"攻"彼此对立的概念。在网络安全中,与"攻"相对立的概念则是"守",所以在网络中运用远交近攻之计时,可将"交"与"攻"分别理解为"守"与"攻"。

其次,与远交近攻中的"远"和"近"最相似的网络概念之一可能是"外"和"内",所以在网络中运用远交近攻之计时,可将"远"和"近"分别理解为"外"和"内",即机构的"外网"和"内网"。

至此,远交近攻之计的网络安全版本就可以理解为内外兼顾的"外守内攻"或"外网守,内网攻"。现实情况也告诉我们,在考虑网络安全问题时,必须内外兼顾。实际上,80%的网络安全事故都是由内部人员直接或间接引发的。

换句话说,从网络所有者的角度来看,机构外网的安全策略应该以守为主,这时任何网络安全技术都不可或缺。反过来,机构内网的安全策略则是以攻为主,这时安全管理学将唱主角。实际上,机构内网用户都是自己的员工,机构既有权力也有能力对员工的上网行为进行严格监控和规范化,甚至可以随时对内网进行攻击性测试,这便是"内攻"的含义之一。

网络安全中"外守内攻"之计的关键,就是要确定:攻什么,守什么,如何攻,如何守。比如,对机构内网来说,机构可以攻击内网的一切东西,以测试其安全强度,然后采取相应补救措施。但是,真正能确保内网安全的最有效的"攻"法,其实是看起来很温柔的安全管理学,难怪业界一致认为,安全等于三分技术加七分管理。也就是说,安全保障的效果,主要依靠管理,而不仅仅是技术。技术和管理都是安全保障的法宝,一个也不能丢,而且还必须"两手抓,两手都要硬"。必须从技术和管理两方面采取有效措施,解决和消除不安全因素,防止安全事件的发生,保障合法用户的权益。

➡➡高威攻击与假道伐虢之计

在网络安全领域,与假道伐虢相关的攻防技术很多。

比如,基于僵尸网络的分布式拒绝服务跳板攻击,便是一种很形象的假道伐虢技术。黑客事先巧妙地控制一大批相对较弱的僵尸计算机,然后以它们为跳板去攻击

相对较强的目标系统。又比如,在众所周知的电话诈骗案中,黑客都会有一个事先拟定的剧本。他绝不会一开口就命令你汇款,而是会依次给你拨打多个电话,每次通话都是在向你"假道",为下次来电的"伐虢"做准备。直到最终诈骗成功,彻底完成"伐虢"任务。

网络对抗中的一种层次更分明、更具体的假道伐虢技术,名叫"高级持续性威胁攻击技术"。它的英文简称为"APT",中文简称为"高威攻击"。它是近年来最恐怖的一种定向网络攻击技术,它利用各种先进手段,对重要网络目标进行有组织的持续性攻击。

APT攻击的特点主要有以下五个:

• 强目的性。APT锁定的目标都是拥有高价值敏感数据的高级用户,特别是那些可能影响到国家安全的高级敏感数据的持有者或是大型工控系统等。

• 高隐蔽性。APT特别重视隐身,攻击者通常都潜伏在组织内部,甚至已融入被攻击对象的可信程序漏洞与业务系统漏洞中,自然很难被发现。

• 长期高危害性。APT攻击的持续时间很长且已有认真准备和策划,甚至还被反复渗透过,因此其威慑力很大。

・组织严密性。APT攻击可能带来巨大利益,通常都是集团行为,攻击者的综合实力非常雄厚,常由高水平的黑客团体协作完成。

・间接攻击性。APT攻击是典型的假道伐虢技术,它通常会利用第三方网站或服务器作跳板,布设恶意程序或木马向目标发动渗透攻击。

总之,成功的APT攻击是长期经营与策划的结果,具有极强的隐蔽性和针对性。APT并不追求短期效益,也不在乎蝇头小利,更不进行单纯的网络破坏,而是专注于步步为营的系统入侵。其中,步步为营的每一步都是在"假道",都是在为下一步的"伐虢"做准备。

▶▶资源对换的攻防技巧

若从纯技术角度看,网络对抗的攻方和守方其实区别不大。形象地说,幡然悔悟的高级黑客,瞬间就能成为杰出的安全卫士,反之亦然。因此,若想对网络安全技术进行全面研究,就必须随时换位思考。这时,以下六个计谋就成主角了。

➡➡认证技术与偷梁换柱之计

偷梁换柱的关键字是"换",关键词是"偷换",至于偷

换的"梁"和"柱"到底代表什么,那就因人而定、因事而定了。比如,在网络安全领域,最重要的"梁"和"柱"可能当数用户的身份和信息的内容了。

如果你的口令被偷,黑客就可以冒充你的身份,获取你的权限,从事你可以做的任何事情,甚至取走你的存款、以你的名义公开发布虚假消息等。

如果你的电子邮件内容可以被任意篡改,黑客就真可以将"别人欠你的钱"改为"你欠别人的钱"。毕竟与纸质文件不同,若不采取特别的安全措施,电子文档的内容完全可以被天衣无缝地进行任何修改,哪怕是增加一段、删除一段或颠倒某些段落的位置等操作都不会留下任何痕迹。

难怪黑客会经常使用偷梁换柱之计,经常偷换合法用户的身份,也经常偷换信息内容。

黑客偷梁换柱之计的杀伤面到底有多广呢?在网络安全的机密性、完整性、真实性、可控性、可用性、可靠性和不可否认性等七个基本特性中,至少有六个特性都会或多或少地受到黑客偷梁换柱之计的攻击。但可能出乎许多人的意料,偷梁换柱的天敌竟然只有两个字,那就是"认证"。再具体一点就是:若想对付身份的偷梁换柱,就采用身份认证技术;若想对付信息内容的偷梁换柱,就采用信息认证技术。

到目前为止,仅仅为了在特殊情况下实现网上的身份认证,人们就已挖空心思,把声纹、指纹、掌型、虹膜、脸型、视网膜等都被当成贴在人体上的标签,用于身份认证。此外,你的签名、语音、行走步态等习惯特征,也都在你的身份认证过程中被征用了。

总之,仅仅是身份认证,就已经至少有三类:

• 基于秘密信息的身份认证,即根据你独知的东西来证明身份(你知道什么);

• 基于信任物体的身份认证,即根据你独有的东西来证明身份(你有什么);

• 基于生物特征的身份认证,即直接根据你独特的生物特征来证明身份(你是谁)。

➡➡社会工程与指桑骂槐之计

顾名思义,指桑骂槐的表面意思就是指着桑树骂槐树、指甲骂乙、指鸡骂狗等。作为一个计谋,指桑骂槐是一种常用的暗示手段。它或用杀鸡儆猴来树立本人威信,或用敲山震虎来警告他人,或用借题发挥来宣泄情

绪。指桑骂槐的核心是用间接方法去影响他人心理状态，以旁敲侧击达到自己的诱迫目的。此计既可对外，也可对内。

由于指桑骂槐对机器没有任何影响，所以在网络对抗过程中，此计的主要用武之地是社会工程学，毕竟只有人类的思想和行动才会被情感左右，才会受到暗示的影响。比如，网络骗子为了避免露馅，通常都不会把话说得太直白，而是尽可能采用暗示方法来表达思想，以便进可攻，退可守。其实，几乎每个网民都会偶尔施行几次指桑骂槐之计，比如，某人在进行某些敏感话题的舆情博弈时，为了避免被删帖，或为了不被对方抓住把柄，或为了彰显他的智慧和风趣，通常都会借用指桑骂槐来表达自己的观点。

对付黑客的最基本办法之一是减弱其攻击意愿，而敲山震虎式的指桑骂槐在这方面刚好能发挥重要作用。比如，通过严厉惩罚落网的黑客来警告未来的潜在黑客，让后者约束自己的行为，别轻易违反相关法规，否则后果自负。

指桑骂槐等间接暗示，也会对黑客的态度和行为产生重要影响。实际上，观察和模仿是人类的重要学习过程，抽象认知能力在这个过程中扮演着重要角色。当某人通过指桑骂槐等方式，长期耳闻目睹某行为时，他就会把观察到的经验（包括行为者的反应、行为后果及该行为发生时的环境状况等）贮存在记忆系统中。此后，若有类似的刺激出现，他便会将贮存于记忆系统中的感觉经验取出，并付诸行动。

在网络对抗中，指桑骂槐之所以能发挥作用，主要归因于人类的合群性和遵从性。总之，在社会工程学中，无论是攻防哪方，都需重视指桑骂槐之计。

➡➡动机诱惑与假痴不癫之计

在网络对抗中采用假痴不癫之计时，当然不能受限于"痴"与"癫"的概念。

若只是针对软硬件等设备，那就根本没有假痴不癫之计中的人文含义。此时有代表性的假痴不癫技术，可能当数前面已经介绍过的网络蜜罐。它以虚假系统来故意暴露自己的软肋，吸引黑客前去攻击，然后趁机摸清黑客底细，以便采取进一步的安全措施。

更重要的是，若要从网络、环境和人员的体系上考虑假痴不癫之计，那么此计的核心也不是痴与癫，而是引诱对方的动机。无论用装疯卖傻的方式来引诱动机，还是

用故意示弱的方式来引诱动机都无所谓。实际上,在黑客的社会工程学攻击过程中,假痴不癫之计始终都扮演着关键角色。仅仅是在电话诈骗案中,假痴不癫的实例就不胜枚举。

下面只从更底层的角度去考虑黑客的动机诱惑问题,毕竟,成功实施假痴不癫之计的前提是:黑客已成功诱惑了对方的动机,只等对方按黑客的意愿行动。

在网络对抗中,黑客的攻击始终都只是"非身体接触"的。换句话说,所有恶意操作都是受害者自己亲手敲击键盘而协助黑客完成的,一切致命的攻击信息也都是受害者自己提供的,全部有害指令还是由受害者亲自发布的。受害者为什么要无情地"自杀"呢?奥秘就隐藏在"动机"这两个字当中,或者说,是黑客成功地诱惑了受害者的动机,让受害者心甘情愿地听命于黑客。

实际上,一方面,黑客对受害者的攻击可能不止一次,而可以是任意多次;只要有一次成功,他就胜利了。另一方面,黑客不仅攻击一个受害者,他可以同时攻击网络中的很多人;只要有一个人中招,他就胜利了。

所以,从统计规律来说,黑客只要能设计出一个可以成功诱惑网民的动机,那他就已胜券在握了。当然,如果黑客对其攻击对象有更多的了解,他就能更准确地诱惑受害者的动机,从而掌控受害者的行动,使攻击效果更佳。

➡➡信息控制与上楼去梯之计

在网络对抗方面,上楼去梯之计是指用小利引诱对手,然后截断后路,以便将其围歼。实施此计时,必须把握好两个要点:一是"上楼",二是"去梯"。

先看第一个要点"上楼"。施计者让对方"上楼"的方法主要有三个:一是欺骗,二是硬逼,三是以身作则。不过,由于黑客攻防战是无身体接触的博弈,所以很难硬逼对方就范,只能以巧获胜。同时,由于网络对抗双方都特别在乎自身的隐蔽,更难以身作则。因此,在网络对抗中,让对方"上楼"的最常用方法其实就只剩欺骗了。比如,对性贪者,以利诱之;对情骄者,示弱惑之;对莽撞无谋者,则设下埋伏以使其中计。

从黑客心理学角度看,引诱对方"上楼"的欺骗具有三要素:

一是真伪性。欺骗的突出特点是"伪",即捏造事实或掩盖真相。

二是目的性。行骗都有恶意的预期目的。即使某行为是假的（比如魔术），若它不具有恶意的目的性，那就不能算作欺骗。

三是社会性。欺骗是一种社会行为，产生于互动过程中。既可以是某人欺骗他人，也可以是自欺欺人。

再看上楼去梯之计的第二个要点"去梯"。

从军事策略来说，"去梯"包含两层意思：一层意思是指诱敌深入而断其归路；另一层是指切断的自己退路，逼自己背水一战，不成功便成仁。

从网络安全技术的角度看，"去梯"主要是断绝后路的有去无回行为。比如，机要系统中的绝大部分间谍的退路几乎都被堵死，或者说他们已被"去梯"，只能死心塌地做内鬼。从纯技术上看，最具代表性的"去梯"模型可能当数著名的单向函数，它的正向运算非常容易，逆向运算却几乎不可能。

➡➡**免疫防御与树上开花之计**

树上开花意指树上本来没有花，却将假花粘在树上，取得以假乱真的迷惑效果。比喻借助别人的局面来巧妙布阵，把弱小的兵力伪装成强大的阵容。比如，将精兵分布在较弱的盟军阵营中,让精兵充分表现,以此造势,彰显强大,借以威慑敌人。由于战场情况复杂,瞬息万变,对方很容易被假象所惑,只要迷魂阵足以以假乱真,便可虚张声势,慑服甚至击败敌人。

在网络对抗中,与树上开花最相似的安全技术之一,可能当数拟态防御。它是一种主动防御技术,意在增强网络系统的自身免疫力,以便应对未知漏洞、后门或木马等威胁。此技术的灵感来自生物的拟态伪装。有些生物为了自身利益,通常会在色彩、纹理、形状和行为特征等方面模拟其他生物或环境,比如,变色龙和章鱼等都是拟态高手。对当事生物来说,巧妙的拟态能同时帮助它们攻和守。

在网络对抗中,与树上开花最神似的手段,可能当数舆情博弈中的谣言。这既是因为谣言极具迷惑性,也是因为谣言很容易被用来借势布阵。如果基于谣言的树上开花之计用得足够巧妙,甚至可能引发内乱。

造谣是独特的社会性欺骗行为,谣言则是故意捏造出来的、用于蛊惑人心的假消息。谣言的特点主要有三个:

一是绝大部分谣言的内容与生存及生活密切相关,

因此其大众关注度很高。

二是传播谣言的人数多,传谣速度快,波及范围广,树上开花效果明显。

三是社会危害大。

总之,在网络对抗中,绝不可轻视树上开花之计。

➡➡身份盗用与反客为主之计

从宏观上看,网络对抗在反客为主方面大有可为。比如,某些发达国家虽在远离本土的他国作战,却能借助其信息优势,轻松地在战场上反客为主。原来,帮助他们反客为主的功臣主要有三个:一是强大的信息系统,它使得战场态势迅速变得非对称化;二是有效的统一协调指挥系统;三是全面协调的立体打击系统。

从微观上看,网络对抗中的反客为主及其防范技术非常多,它们都主要集中在身份管理和权限管理等方面,毕竟在网络中的"主""客"地位其实取决于操作者的身份和权限。实际上,口令是每个人几乎每天都会用到的字符串,它既是身份代表,也是权限代表,更是信息系统的第一道防线。

除了口令之外,为了防止被他人反客为主,许多网络系统还采用了诸如人脸识别等生物识别技术，实际上就是将人脸、指纹、声纹和虹膜等个人生物特征作为身份标识，只要黑客不能冒充你的这些特有信息，他就不能对你反客为主，除非他另辟蹊径。但非常遗憾的是，随着信息技术的不断发展，最近几年来，生物特征的假冒技术突飞猛进，这就对网络安全提出了更多的新挑战。

▶▶反败为胜的攻防技巧

与战场情况类似，网络对抗各方的局势绝不会永远一边倒。在对抗结束前，总会出现数次反转。当某方暂时处于不利战局时，可能会使用以下六计。

➡➡投其所好与美人计

网络对抗中的美人计非常普遍，比如，许多计算机之所以会被植入各种木马，其实是因为计算机主人浏览了黑客预设的某些色情网站。许多用户的口令和账号之所以会被黑客成功钓鱼，是因为黑客将色情邮件用作了迷人的钓饵。与世隔绝的布什尔核电站网络之所以被黑客最终攻破，主要是因为黑客在核电站周边撒了许多色情U盘。个别员工经不住诱惑，便在上班时间将这些U盘插入核电站计算机，一边欣赏色情视频，一边将病毒植入

了核电站的内网,最终毁掉了关键离心机。

美人计的心理学基础是什么呢?两个字,诱惑,更准确地说是性诱惑。

从心理学角度来看,在传统三十六计中反复出现的诱惑、欺骗和谣言等都有许多重叠之处,但从社会工程学角度来看,它们却又存在许多重要区别。在具体计谋的运用方面,它们各有不同的技巧。

诱惑的核心,显然是诱饵!而吸引力最大且人人都难以抵御的诱饵之一,可能当数由荷尔蒙主导的性诱惑,毕竟按照马斯洛的"需要层次论",以性需求为代表的生理需求是第一位需求。如果被诱对象对你的诱饵根本不感兴趣,相应的诱惑就必败无疑,毕竟"将欲取之,必先与之"嘛。

➡➡认知博弈与空城计

在网络对抗中,切不可生搬硬套空城计。

一是因为在网络空间中,"空"的概念本身就很含糊,且组成网络的软硬件等均无情感,更谈不上心理战。当然,从虚实结合的角度来看,像蜜罐技术那样同时展现多个目标,其中有真有假,有虚有实,让对方以更大的概率去攻击虚假目标,耗费其资源,这也可以在一定程度上理解为一种特殊的空城计。

二是因为随着信息侦测手段的不断发展,若想隐藏自身实力,欺骗迷惑对手,其难度将越来越大,空城计将会越来越容易被看穿,施计的风险也会越来越高。

但非常意外的是,也正是因为如今信息手段越来越发达,空城计却以另一种新的形式,即认知博弈(简称"认知战")的形式,在网络舆情对抗中闪亮登场且正变得越来越重要。甚至可以说,当前的俄乌战争在很大程度上其实就是一场认知战,各方都在绞尽脑汁鱼目混珠,扰乱对方认知。而这正是空城计的精髓,即以虚实和真假的莫测变换来扰乱对方认知,促其做出错误判断和决策。

认知战是当代战争的一种新形态,是对抗性更强的舆论战,它的最终攻击目标是人,既包括前方的军人,更包括后方的平民。

认知战所使用的武器既包括通信网络,也包括各种虚假和错误信息,更包括心理学和社会工程学等交叉学科。

认知战不仅要改变人的想法,还要改变人的行为方式。比如,通过认知战,可以在和谐社会中播下不和谐的

种子,煽动矛盾,使意见两极分化,群情激愤。

认知战具有罕见的普遍性。从个人到国家和跨国组织都是参战方,全球的任何地方都可以是战场,认知战并无"战时"和"平时"之分,任何时刻都可以开战。

作为一种最能体现"不战而屈人之兵"的新型战争,认知战超越了现行的所有五个战域,它将与陆战、海战、空战、网战和太空战并驾齐驱,成为第六个战域,也是综合性最强的战域。

➡➡木马软件与反间计

在网络对抗中,若不考虑人的因素,那么计算机病毒,特别是常驻型病毒的行为就很像是黑客在实施反间计。常驻型病毒会隐藏在用户的计算机里,一旦时机成熟,它们就会像癌细胞那样,不断分裂,不断复制自身,不断感染并消耗系统资源,不断帮助黑客作恶。为了不被杀毒软件发现,它们会静若处子;为了增强破坏性,它们会动若脱兔。

特别是一种名叫木马的常驻型病毒,它会从内部破坏计算机的行为,更像是一种反间计。木马通过特定程序来控制对方的计算机,它的行为有点像是一个主人(控制端,反间计的施计者),远远地牵着一匹马(被控制端,被控制的"间")。

木马与许多病毒不同,它不会自我繁殖,也并不刻意感染其他文件,相反却要尽量不动,像间谍一样猫在那里,尽量伪装自己,以免引起外界的注意,让某个倒霉蛋在不知不觉中将其植入自己的计算机,使其成为"被控制端"。待到冲锋号响起后,黑客在控制端发出命令,"隐藏在木马中的士兵"就开始行动,或毁坏被控制端,或从中窃取任意文件、增加口令,或浏览、移动、复制、删除、修改注册表和计算机配置等,甚至可以远程操控那位倒霉蛋的计算机。

仅从行为上看,木马与常见的远程控制软件很相似。但后者是"善意"的,是为了远程维修设备或遥控等的正当活动,因此不需隐瞒。木马则完全相反,以至隐蔽性不强的木马毫无价值,就像身份暴露后的间谍全无价值一样。

木马十分精巧,运行时不需太多资源,若无专用杀毒软件,将很难发现它的踪迹。木马一旦启动,就很难被阻止,因为它会将自己加载到核心软件中,系统每次启动,它就自动开始运行。干完坏事后,木马还会立刻隐形或马上将自身复制到其他文件夹中,还可以不经用户准许

就偷偷获得使用权。

➡➡思维定式与苦肉计

设备和网络并没有感觉和感情,不能将苦肉计生搬硬套到网络安全中来。但苦肉计的思想却在网络对抗中扮演着非常重要的角色。

首先,若只限于考虑社工黑客,那么战争中的苦肉计基本上都可以原封不动地照搬到网络对抗中。比如,黑客可利用"卖惨"的电子邮件来发动钓鱼攻击,声称自己罹患了某种绝症,从而骗取对方的敏感信息等。

其次,若完全不考虑人的因素,只从形式上看的话,苦肉计最早的应用案例可能当数姜子牙发明的阴书,它利用自残方法解决了信息的保密问题。实际上,姜子牙将一张秘密文件拆成碎片(这相当于自残),然后让不同的士兵将不同的碎片通过不同的渠道传递给同一个收信方。最后,收信方再将这些碎片重新拼接再复原就行了。如果这些碎片的一片或数片被敌人截获,对方也照样不知所云。

再次,若要从网络、环境和人所形成的系统角度来全面考虑网络对抗的话,苦肉计早就被完美融入了网络对抗的攻防技能中。实际上,网络攻击是典型的漏洞攻击。

什么是漏洞呢？笼统地说，所有规律在黑客眼里都是漏洞。黑客只需意外打破这些规律，就能利用这些漏洞，并在一定程度上取得较好的攻击效果。再具体一点，任何一种思维定式在黑客眼里都是一种漏洞。

一句话概括，苦肉计只是巧妙地打破了"人不会自害"这个基本的思维定式而已。

➡➡联动机制与连环计

网络对抗的所有攻防过程，都是由一系列连环计谋组成的。

比如，网络安全中最直观的连环计，可能当数由入侵检测、防火墙、密码加密和审计系统，这四者串联组成的连环计。其中，入侵检测负责发现黑客的攻击行为，然后向防火墙报警。防火墙接到警报后，就会立即作出响应，或启动某些既有功能，或更新相关配置，来阻止黑客进入我方系统。即使防火墙已被黑客突破，此时密码将作为下一道安全防线，让黑客即使盗取了敏感数据，也仍然读不懂其内容。最后，审计系统将记录黑客的所有攻击行为，帮助警方利用这些蛛丝马迹来溯源跟踪，并将黑客绳之以法。

比上述四者串联更有效的连环计，是所谓的网络安

全协同联动机制。此时,网络中相对独立的安全防护设备和技术将被有机组合起来,让这些技术彼此之间取长补短,互相配合,共同抵御各种攻击。

协同联动主要有以下四个方面:

• 数据协同。它是所有协同联动的基础。黑客之所以经常处于主动地位是因为双方信息不对称,我方在明处,黑客在暗处。数据协同的目的就是要扭转这种被动局面:当黑客正在此处发动攻击时,他的各方面信息将很快传遍各防御点,从而让我方能以逸待劳。

• 产品协同联动。网络安全产品种类繁多,功能千差万别,有的负责边界防护,有的保障接口安全,有的发现漏洞,有的查杀病毒,等等。因此,产品的协同联动异常复杂,甚至需要量身定制。

• 产业协同联动。这是安全产业界各厂商之间的协同,一种共赢的协同。它使得各方都能扬长避短。

• 智能协同。它是一种更高层面的协同,它将机器和人类的智能联系起来,以此提升安全防护能力,它将是人工智能时代的安全之道。

总之,面对协同联动防御体系时,黑客必须突破多个防御层次,这就大幅降低了他们的攻击成功率。尤其是当系统中某节点受到威胁时,该节点就会及时将威胁信息转发给其他节点并采取相应防护措施,同时启动一体化的调整和防护策略。

➡➡物理隔离与走为上计

在网络对抗中如何理解和运用走为上计呢?当然不能机械照搬,毕竟从软硬件角度看,网络系统始终都在那里。从物理位置上讲,它们根本就无处可走、无处可逃。但是,在走为上计中,"走"的本质其实就是离开对手的攻击范围,使对方的攻击失效。换句话说,若能使黑客的攻击对你鞭长莫及,那你实施的走为上计就成功了。

在网络安全中,哪些技术能让黑客的攻击鞭长莫及呢?其实很多技术都能实现这点,下面仅介绍三种有代表性的、直观的走为上计安全技术:

• 物理隔离。顾名思义,它将采用物理方法把内网与外网彼此隔离,避免黑客入侵或信息泄露。物理隔离的成本很高,对性能的影响也很大,主要用于那些对安全需求特别高的保密网和专网等特种网。当这些特种网需要连接互联网时,为了防止来自互联网的攻击,为了保证系统的保密性、安全性、完整性、抗抵赖性和高可用性等,

就必须采用物理隔离技术。

• 防火墙。它能在内外网络的接口处构建一道相对封闭的保护屏障,以增强内部系统的安全性,抵御外部黑客的攻击。防火墙也是一种隔离设备,也具有适当的单向导通性,其隔离强度弱于前述的物理隔离。防火墙的主要功能在于及时发现并处理网络运行时的安全风险,其处理措施包括隔离与保护。同时,防火墙还能记录和检测网上的各项操作,以确保系统的安全性和数据的完整性,从而为用户提供更好更安全的服务。

• 白名单。形象地说,所谓白名单就是:只有名单上所列的操作才是合法的,其他所有操作均为非法。可见,白名单的要求非常严格,即使黑客已混入内部,他也不能为所欲为地进行任何操作,以至只能从事那些经过严格审查并获得允许的无害操作,所以他的攻击行为将会完全失效,相当于我方处于黑客的攻击范围之外。

专业：网络安全的知识图谱

我劝天公重抖擞，不拘一格降人才。

——龚自珍

网络安全的内涵和外延非常广泛。比如，既然物联网的野心是要将宇宙中的万事万物连接起来，那么，物联网安全也就会涉及万事万物，但物联网安全仅是网络安全的很小一部分，可见网络安全的领域是多么宽阔。

不过，若从高考生和家长的角度来看，网络安全的边界又非常清晰，毕竟直接涉及网络安全的本科专业仅有四个：信息安全（080904K）、网络空间安全（080911TK）、保密技术（080914TK）和密码科学与技术（080918TK）。

由这四个本科专业所组成的专业体系称为网络安全类本科专业体系，或简称为网络安全专业。

▶▶网络安全的本科专业体系

亲爱的读者,当你阅读本书至此时,如果你已经对网络安全产生了浓厚的兴趣,并决定报考网络安全类专业体系中的某个专业,只是还在犹豫最终报考哪所大学,接下来的报考意见或许就能为你答疑解惑。

我国网络安全类专业的学术制高点,取决于网络空间安全一级学科的整体水平。2024年1月,中央网信办和教育部经严格评审,确定了新一期"一流网络安全学院建设示范项目"的16所高校名单。它们是:华中科技大学、西安电子科技大学、北京航空航天大学、上海交通大学、山东大学、北京邮电大学、中国科学技术大学、东南大学、暨南大学、武汉大学、北京理工大学、湖南大学、哈尔滨工业大学、西北工业大学、天津大学、战略支援部队信息工程大学。换句话说,这16所大学就是截至2024年,我国网络安全领域综合实力最强的高校。

我国具有网络空间安全一级学科博士点的学校主要有29所,它们称得上是我国网络安全人才培养水平最高的第一梯队高校,也是我国培养网络安全博士的主力。这些高校是:清华大学、北京交通大学、北京航空航天大学、北京理工大学、北京邮电大学、哈尔滨工业大学、上海交通大学、南京大学、东南大学、南京航空航天大学、南京理工大学、浙江大学、中国科学技术大学、山东大学、武汉大学、华中科技大学、中山大学、华南理工大学、四川大学、电子科技大学、西安交通大学、西北工业大学、西安电子科技大学、中国科学院大学、国防科学技术大学、解放军信息工程大学、解放军理工大学、解放军电子工程学院、空军工程大学。

我国已有90余所高校设立网络安全学院，它们是我国培养网络安全硕士的主力。

我国设置网络安全类专业的高校超过200所，它们是我国网络安全高级人才培养的摇篮。其中，招收信息安全专业本科生的高校超过139所，招收网络空间安全专业本科生的高校超过117所，招收密码科学与技术专业本科生的高校至少有20所，招收保密技术专业本科生的高校至少有7所。

亲爱的读者，如果你所心仪的大学已定为上述某所大学，那么建议你在最终做出决定前，认真阅读一下该校的招生宣传资料。特别是要通过多渠道重点了解该校、该专业的学制年限、培养目标、培养规格、课程体系、教学条件、教师队伍、设备资源、培养模式和往年的毕业生就

业情况等常规信息。由于这些信息太过个性化，本书不便细述。因此，下面只介绍这些专业的若干共性和鲜为人知的背景趣闻，希望能让你真正爱上这些专业。

➡➡从解读专业代码开始

教育部 2024 年公布的普通高校招生目录中，共有 816 个本科专业。其中，网络安全类全部 4 个专业分别为信息安全、网络空间安全、保密技术、密码科学与技术。它们的招生专业代码分别是 080904K、080911TK、080914TK 和 080918TK。

前文已说过，这 4 个专业都是招生代码中带"K"的国家控制布点专业，实际上，它们是所在热门的计算机类全部 18 个专业中仅有的 4 个带有"K"的专业。其中有 3 个专业（网络空间安全、保密技术、密码科学与技术）还是带"T"的特设专业，它们都是为了满足经济社会发展的特殊需求而设置的。总之，它们都是涉及国家安全和特殊行业的专业，其招生资格都有较高的准入门槛，其培养质量都会得到更有效的保证。

实际上，网络安全类专业可以服务于几乎所有新质生产力，并将迅速成为国民经济重大行业和党政军系统等核心领域的不可缺少的宠儿。因此，这些专业的学生自然不必担心毕业后的就业前景，只需在大学四年中一门心思学好真本领就行了。

细心的学子和家长也许还会追问：在网络安全类全部四个专业中，到底哪个专业更重要、哪个专业更有前途呢？

其实，这四个专业的培养目标都是相同的，都想确保各类信息网络系统的安全，使合法利益不受侵害。在许多情况下，这四个专业甚至都难分彼此，比如，许多核心课程都会同时出现在这四个专业的核心课程体系中，许多师资也可以同时在这几个专业中共享，各个专业的教学条件也大同小异。甚至某些综合实力较强的大学，更会同时开设这四个专业中的多个专业。比如，北京邮电大学网络空间安全学院就同时开设了信息安全、网络空间安全和密码科学与技术这三个本科专业，而且还都取得了不俗的成绩。

如果非要找出这四个专业的不同之处，那么，由于"网络空间安全"是国务院学位委员会正式批准的一级学科，所以该专业的优秀本科生可以经过努力，获取同名的硕士和博士学位。密码科学与技术专业的优秀本科生可以经过努力，获取同名的硕士学位。然而，这些区别只是

表面的，因为这四个专业的优秀本科生都可以毫无障碍地报考其他异名学科的硕士或博士。此外，以上考研的区别还只是暂时的，因为相关部门正在努力消除这种表面区别，使得今后各专业的毕业生都有机会报考其同名的硕士或博士。

另外，这四个专业还有一点不同，那就是：信息安全专业的学位可能是管理学、理学或工学，而其他三个专业的学位都是工学。这点在相关学校的招生简章中一般都会明确标注，请相关学子和家长留意。

➡➡ 网络安全专业的缘起

在网络安全类的四个专业中，除了信息安全专业的开办时间较早（2001年）之外，其他三个专业都是近几年才开办的新专业。实际上，网络空间安全、保密技术和密码科学与技术三个专业的开办时间分别是2015年、2017年和2020年。

在教育部大力压缩本科专业数目的情况下，在已有了信息安全专业的情况下，教育部为什么还要逆势、密集且连续地新增其他三个专业呢？甚至还将"网络空间安全"罕见地提升为一级学科！这其中当然大有玄机，且听笔者慢慢道来。

原来，网络对社会发展的意义越来越重要。尤其是随着经济全球化和信息化的发展，基于互联网的信息基础设施对整个国家和社会的正常运行和发展起着关键作用。网络和电力、能源、交通等基础设施一样，都在国民经济发展的各个领域中处于基础地位，甚至其他传统的基础设施也日渐依赖于网络的正常运行。

与网络重要性形成鲜明对比的是，网络安全正在面临越来越严重的威胁。

在战术方面，首先，从国际上看，国家或地区在政治、经济、军事等各领域的冲突都会反映到网络中。由于网络边界不明、资源分配不均，导致网络的争夺异常复杂。近年来发生的许多安全事件表明，我国网络正面临着外部威胁，我国在网络安全方面经常处于被动地位。

其次，从国内现状来看，各种黑客攻击也对个人和企业构成严重威胁。隐私信息泄露事件屡见不鲜，非法牟利的网络犯罪已形成黑色地下经济产业链，每年都会给国民经济带来巨大损失。

另外，各种新媒体和应用也在挑战我国互联网治理水平。如何充分利用互联网来推动经济发展、保护合法

权益、控制互联网对社会稳定的威胁,这些都是需要深究的重要问题。

在战略方面,网络安全已成为国家安全的重要组成部分。以互联网为基础的信息系统几乎构成了整个国家和社会的中枢神经系统,它们的安全运行已是整个社会正常运转的重要保证。网络系统一旦受到入侵,必将影响整个社会的正常运转,造成大面积的系统瘫痪或社会恐慌。

在人才需求方面,网络安全是人与人的对抗,无论是国家安全、企业安全、个人安全还是社会的治理都急需人才。高质量地培养网络空间安全的人才是当务之急。网络安全人才已被连续数年列入最急需的人才清单。网络安全人才的短缺,已成为当前相关产业发展的瓶颈。

总之,正是在以上各种重大需求的推动下,国务院学位委员会和教育部及时采取了非常之举来行非常之事。相信在广大优秀学子和家长的积极响应下,我国的网络安全事业一定会取得突飞猛进的发展。

➡➡ 网络安全的学科底蕴

既然网络安全类各专业如此重要,国家又如此重视这些专业,某些学子和家长也许还会关心,我国大学在网络安全领域的高等教育足够成熟吗?

答案当然是肯定的!虽然网络安全类专业和学科尚属新生事物,但它们也不是突然冒出来的,我国在这方面拥有相当深厚的历史底蕴,足以支撑一流的网络安全学科。

实际上,早在20世纪50年代,我国的电机学科就不断发展。经过二十余年的积淀,电机学科在20世纪70年代,发展出了计算机和自动控制等独立学科。在此基础上,又励精图治二十年,从1990年起,逐渐形成了电气工程、电子与通信、自动控制、计算机科学等四个独立学科。其中的电子与通信学科,又在1997年演化为两个独立学科:电子科学与技术和信息与通信工程。2011年,计算机学科又孕育出了软件工程学科,并终于在2018年诞生了网络空间安全学科,也是信息领域最年轻的一级学科。

网络空间安全学科虽年轻,但已相当成熟。这主要表现在以下几方面:

一是该学科已具有明确的研究对象并形成了相对独立的理论体系、技术体系、应用体系和研究方法。该学科

的理论体系主要包括离散数学、信息论、博弈系统论、安全通论、社会工程学和计算复杂性理论等；该学科的技术体系主要包括计算机、网络、电子信息等；该学科的应用体系主要包括现代通信、人工智能、信息系统等；该学科的研究方法论主要包括基于数学困难问题的逻辑证明、基于博弈系统论的行为预测和基于真实物理环境的实证分析等。

二是该学科周围已经形成若干相互关联和支撑的二级学科。它们不但已较为成熟，还拥有较为深厚的理论基础。它们长期为多种复杂信息系统的安全保障提供支撑，包括但不限于社交网安全、物联网安全、电子商务安全和工控安全等。

三是该学科已得到国内外学术界的普遍认同。网络空间安全学科已拥有多年的相关人才培养实践经验，可供借鉴的国际经验也不少。

比如，早在1991年，国际电气与电子工程师协会计算机科学委员会（IEEE—CS）就将安全性看成长期贯穿于计算机学科的一个重要概念。1997年，美国就开始聚集学术界、工业界和政府界的相关人员，共同确定社会各界对信息系统安全教育的基本要求。2001年，IEEE－CS

又将安全专题纳入了计算机科学与工程本科生的核心课程。

美国政府早就制订了网络空间安全教育国家计划，旨在可操作、可持续地提升从小学生到研究生的网络安全知识和技能水平，从而整体提高国家网络安全水平。美国国家安全局还设立了"信息安全保障教育和学术交流中心"，并基于多个重点实验室建立了从学士到硕士再到博士的教育体系。该中心拥有百余名精英师资并得到了美国国防部、国土安全部和自然科学基金的实质性支持。

据不完全统计，国外设有网络安全硕士学位的大学超过60所，其中不乏美国南加利福尼亚大学、约翰·霍普金斯大学、乔治·华盛顿大学、宾夕法尼亚大学等世界名校。英国也资助了牛津大学和伦敦大学等多所高校建立网络安全博士教育中心。

根据国际安全联盟的统计，网络安全人才的需求每年都以超过10%的速度在增长。在发达国家，超过80%的网络安全人员都享有高薪。同时，网络安全人员的工作非常稳定，五年内跳槽或失业的人员低于20%，因为各界都急需网络安全人才。

➡➡网络安全的跨界机会

与其他绝大多数的本科专业不同，网络安全类的全部四个专业都具有罕见的超大跨界幅度。这意味着无论是从考研还是从就业的角度看，这四个专业的毕业生，不但可以在自己的网络安全领域如鱼得水，还能在许多其他专业之间来来回回地自由跨界，从而拥有更加广阔的舞台来发挥自己的才华，当然也就享有更大的发展空间。

具体来说，网络安全类专业的毕业生可以跨界进入的专业，至少包括教育部 2024 年招生专业目录中代码为"0807"开头的全部 21 个电子信息类专业、代码为"0808"开头的全部 8 个自动化类专业、代码为"0809"开头的全部 18 个计算机类专业。此外，代码为"0806"开头的电气类专业、代码为"1208"开头的电子商务类专业、代码为"0306"开头的公安类专业中，也有许多专业都或多或少地离不开网络安全方面的专业课程。

最具说服力、最能表现网络安全专家在其他领域中呼风唤雨的证据，也许来自某些公认国际大奖的获奖名单。

比如，沃尔夫奖评审委员会在 2024 年 7 月 4 日宣布，将数学界的最高奖项之一——沃尔夫数学奖，颁发给以色列密码学家沙米尔,以表彰他在 RSA 密码研究等方面的杰出成就,颁奖词赞扬他"对数学密码学做出了根本性的贡献"。此举在数学领域确属奇迹:网络安全专家在过去从未获得过数学界的最高奖,毕竟数学领域历来就很封闭,其他学科的专家很难获得数学界的认可。

又比如,在计算机领域的国际最高奖项,即堪称"计算机界的诺贝尔奖"的图灵奖获奖名单中,网络安全专家的身影也随处可见。比如,1995 年,布卢姆因"计算复杂度理论及其在密码学和程序校验上的应用"而获得图灵奖;2000 年,姚期智教授因"计算理论,包括伪随机数生成,密码学与通信复杂度"方面的成果而获得图灵奖;2002 年,利维斯特、沙米尔和阿德曼三人因"公钥密码学"而获得图灵奖;2012 年,格尔德瓦瑟和米卡利因"在密码学和复杂理论领域做出创举性工作"而获得图灵奖;2015 年,迪菲和赫尔曼因其发明的非对称加密算法——DH 方案而获得图灵奖。

虽然不宜以奖论英雄,但事实上,网络安全专家确实已长期活跃并将继续活跃在众多传统的专业与学科中。甚至图灵本人的身份标签之一也是"二战期间全球最重要的密码破译者",信息论创始人香农的另一个身份也是"现代密码奠基人",等等。

总之,对普通的本科毕业生来说,无论是考研还是就业,在同等条件下,网络安全基础较好的人都更容易被录用。难怪,许多大学网络安全类专业的录取分数线都长期居高不下,也难怪网络安全类专业毕业生的就业也都顺风顺水。

▶▶网络安全的其他支撑体系

网络安全的超级跨界性不但意味着该专业学生拥有超宽发展机会,也意味着网络安全需要超宽的支撑体系。实际上,网络安全至少横跨理论、技术、法律和管理等领域。下面仅介绍几个有代表性的支撑体系。

➡➡网络安全的法律支撑体系

经过若干年的不懈努力,我国的网络安全法律体系雏形已经形成。该体系主要包括以下的法律、条例、办法和政策等。

• 法律。网络安全方面的法律主要包括《中华人民共和国网络安全法》《中华人民共和国电子签名法》《中华人民共和国密码法》《中华人民共和国数据安全法》《中华人民共和国个人信息保护法》《中华人民共和国保守国家秘密法》《中华人民共和国刑法》等。

• 条例。网络安全相关条例包括《关键信息基础设施安全保护条例》《网络安全等级保护条例》《网络数据安全管理条例》《商用密码管理条例》《中华人民共和国计算机信息系统安全保护条例》《互联网上网服务营业场所管理条例》等。

• 办法。网络安全相关办法包括《信息安全等级保护商用密码管理办法》《国家政务信息化项目建设管理办法》《政务信息系统政府采购管理暂行办法》《电子认证服务密码管理办法》《网络安全审查办法》《计算机信息网络国际联网安全保护管理办法》《关于维护互联网安全的决定》等。

• 政策。与网络安全密切相关的政策有《十四五规划和2035年远景目标纲要》《十四五国家信息化规划》和《十四五数字经济发展规划》等。这些政策性文件都对网络安全的重要性进行了详细阐述,并提出了许多非常具体的网络安全要求。

由于以上法律、条例、办法和政策等文件的具体内容都是公开的,任何人都可以从网上轻松查阅,而且内容又非常丰富,所以此处只点到为止,不再做更多论述。各位读者只需知道网络安全的相关法规很重要,必须严格遵

守就行了。

当然，随着社会的发展，新的法规还将陆续出台，已有的法规等也会不断优化和调整。

➡➡**网络安全的立体防御体系**

本书在前面论述围魏救赵之计时，曾提到过网络安全的一个很有趣的木桶原理：某个信息系统的安全强度取决于该系统的最薄弱环节，正如一只木桶的容量大小取决于该木桶最低那块木板的高度一样。因此，在构建一个网络安全保障体系时，绝不能留下明显的薄弱环节，否则黑客将集中火力猛攻于此。换句话说，一个良好的网络安全保障系必须是全方位和立体性的，比如，必须至少考虑以下几个方面：

一是要确立网络安全的战略目标和任务。重点保护金融、银行、税收、能源、粮油、水电、交通、邮电、广电、商贸等关键领域。

二是要加强网络安全管理、健全网络安全立法。对网络安全进行强有力的管理，尽早形成具备完整性、适用性、针对性的法律、法规、政策、标准、规划和技术规范体系等。各部门之间的协调与配合也必须加强，尤其是在确定网络安全重大决策、发布网络安全政策、批准网络安全规划、处理网络安全重大事件等方面更要步调一致、同心协力。

三是要加强社会各界的防范意识,切实保障网络安全。用户是网络安全保障的主体,其安全意识的强弱起着决定作用。必须从网络组织、技术装备、运行维护等方面采取有效措施,提供可靠的安全保障。必须从技术、管理等方面建立和完善规章制度,尽早发现并处理安全隐患。

四是要建立专业化网络安全队伍,加强网络安全的社会保障。依靠高水平的专家队伍来有效防范并及时解决各类安全问题。经常利用专业化手段来做好巡查、搜索、监测等工作,及时发现和治理各种隐患。

五是要加强核心技术攻关,加大研发力度。网络安全必须独立自主,既要加强基础研究,掌握核心技术;又要推进技术创新,做好成果转化;还要落实多元化投入策略,调动政府和社会资金大力提高网络安全科研水平。此外,还应加强国际合作,实现引进、消化与自主创新相结合,形成特色鲜明、先进可靠的网络安全技术和装备体系。

六是要高度重视人才问题,提高全民安全意识。网

络安全的关键是人才,必须采取各种办法,加强人才的培养和引进工作。要加强网络安全知识的普及和宣传,提高全民的网络安全意识,形成关心网络安全、维护网络安全的良好氛围。

七是要加速网络安全产业发展。目前,国内网络安全的防护能力急需加强。国产设备若要配备自己的安全系统,就必须大力发展网络安全产业。为此,需要从多方面加以扶持,使我国的网络安全产业能尽早成熟壮大。

总之,构筑国家网络安全立体防御体系是一项艰巨而复杂的系统工程,需要多方位、长时间的努力,更需要广大优秀学子和家长的鼎力支持。

➡➡网络安全的需求体系演进

虽然网络安全是典型的需求驱动型专业,但网络安全的需求本身也在不断发展变化。形象地说,攻方有什么兵来,守方才用什么将挡;攻方有什么水来,守方才用什么土掩。

在 20 世纪 60 年代之前的几千年中,即使那时还只有基于语音和信件的人际网络或基于电报和电话的电信网络,人们就已非常重视网络安全问题了。只不过当时的安全性集中体现在保密性上,重点是防止敌方读懂己方的机密通信内容。因此,当时网络安全的主要手段就是加密和解密技术。

待到大规模的电信网络出现后,网络安全又增加了新需求:一是如何防止诸如系统故障等非人为因素引起的安全问题。于是,人们研制了各种纠错编码技术和容灾备份方案等。二是如何防止电磁泄漏造成的信息失密;于是,基于屏蔽的防辐射技术就诞生了。

20世纪70年代,计算机普及后,网络安全再出新需求:一是计算机病毒成为新的"流行病",于是人们研制了各种反病毒手段。二是如何防止他人对计算机信息的非法存取,于是人们研制了多种有效的身份识别和访问控制机制。

20世纪80年代,互联网将计算机系统和通信系统融为一体,随之而来的网络安全问题就更加复杂多样了。至此,人们才认识到,网络安全的需求远远不限于加密、解密、防泄露、反病毒、身份认证和访问控制等。网络安全的含义,至少应该包括:

- 保密性,即保证网络信息不被未授权者获取;
- 完整性,即保证网络信息在传输过程中不被他人增删或修改;

• 真实性，即保证收发各方的身份未被假冒，所传信息未被假冒等；

• 可用性，即授权者可以随时使用网络信息和信息系统的服务；

• 可控性，即网络信息系统的管理者可以控制管理系统和信息；

• 可靠性，即确保在规定的条件下，按预期完成规定的任务；

• 不可否认性，即每个通信者都有具有法律效力的证据证明其是否实施过信息交换和获取的行为。

20世纪90年代以来层出不穷的黑客事件，使人们进一步认识到，仅靠被动的保护，仍不能全面涵盖网络安全的各个方面。因此出现了网络安全的新视角。比如，认为网络安全应该包含保护、检测、反应和恢复等内容。构建一个网络安全保障系统时，还应增加检测评估环节，随时对相关功能进行静态分析和实时动态检测报警，以免等到黑客攻入后才亡羊补牢。一旦发现系统的防护能力不足以抵御黑客的入侵，检测系统就立即报警。要及时对报警作出反应，以便减少损失，发现入侵的来龙去脉，及时修复系统漏洞，为捕获入侵者提供线索。如果黑客攻击已经造成了损失，系统还必须拥有恢复的手段，使系统在尽可能短的时间内恢复正常，提供服务。

总之，如今的网络安全必须同时关注"攻、防、测、控、管、评"等方面。这些要求今后还会不断更新。

➡️➡️网络安全本科生需要什么

亲爱的读者，当你终于成为网络安全专业的大学生后，为了取得良好的课内学习效果，也许你还需要一些课外法宝：

一是需要辩证法。网络安全是一门高智商者之间的对抗性学问。作为矛盾主体的攻守双方，始终处于"成功"和"失败"的轮回变化之中，没有永远的胜利者，也不会有永远的失败者。攻与守双方争斗中当前的动态平衡体现了网络安全的现状，而攻与守双方的后劲则决定了网络安全今后的走向。攻守双方既相互矛盾又相互统一，他们始终都处于互相促进、循环往复的状态之中。更具体地说，网络安全是相对的，不安全才是绝对的。既不能相信任何诸如"绝对安全的新技术"之类的神话，也别指望能一劳永逸地待在自己曾经建设的安全体系中，必须随时对网络进行安全维护和更新。

二是需要他山石。作为一门直接由社会需求驱动的

新学科，网络安全正随着社会需求的不断增加而迅速发展。网络安全不能孤立于任何一个其他已成熟的学科，必须充分吸收它们的营养以适应自己的快速成长。比如，许多用户始终愿意错误地相信"有安全措施总是比没有安全措施强，即使这些安全措施并不可靠"，但他们却忘记了"备周则意怠"这一千古兵训。实际上，以孙子兵法为代表的许多军事理论和思路，必定会在网络对抗中发挥奇效。

三是需要生力军。与其他学科和专业相比，网络安全的涉及面实在太广，需要太多的知识背景和想象力，需要太多的外部专家。比如，需要军事学家帮助建立网络安全对抗理论；需要法律专家来限制众多违法行为，从而净化网络环境，减少来自黑客的压力；需要教育学家来提高全民素质和道德水准，从而形成全民对抗黑客的有利局势；需要经济学家来分析攻守双方的当前成本和开销，从而客观地为网络安全定位；需要管理专家来事半功倍地实现网络安全目标；等等。总之，网络安全应该是目标而不只是手段。无论用什么方法，只要能够达到网络安全的目的，就应该给予充分肯定。

四是需要服务观。保障网络安全是一种服务，而且是一种特殊的核心服务。为了提供良好的安全服务，我们必须对被服务对象有相当了解,这就要求网络安全专家必须具有相当宽广的知识基础。比如,不懂移动通信的人,就很难为移动通信提供良好的安全服务。

网络安全服务也要把握好适当的度。忽略安全的做法不可取,不计代价追求安全的做法也同样不可取。

就业:保驾护航新质生产力

人能尽其才则百事兴。

——孙中山

无须回避,从填报志愿的考生的角度来看,就业问题是必须考虑的首要问题。良好的就业前景是网络安全类专业的主要优势之一。这是因为,良好的就业环境来自巨大的社会需求,而社会对网络安全的巨大需求又来自社会高速发展的刚需,甚至是确保所有新质生产力发挥作用的刚需。

实际上,网络已成为重要的战略资源,网络技术正改变着人们的生活和工作。随着社会对网络依赖性的提高,恶意攻击对网络安全性的威胁也越来越大。若网络被破坏,不但会造成巨大的经济损失,甚至会导致社会混乱。对网络安全的保障能力,已成为国家综合国力的重要组成部分。

社会发展和黑客威胁，从正反两个方面极大促进了网络安全人才的刚需。特别是在一些重要行业，对网络安全人才的刚需更甚。

▶▶重要行业的人才刚需概况

我国已是网络大国，但网络安全的基础还较薄弱。既然网络安全将直接影响国家安全、社会稳定、经济发展和人民生活等方面，我们就必须确保网络安全，必须建设全面的网络安全保障体系，必须为政府、军队、公安等关键部门及金融、电商等重要企业培养大量网络安全高级人才。

➡➡国防建设对网络安全人才的需求

网络对抗能力已成为国防实力的重要标志。在战争中，谁若能及时获取战场信息，谁就能占据优势；谁能让对方的网络系统失灵，谁就能锁定胜局。

美国很早就提出了网络信息战的概念，海湾战争期间，美军就成功地对伊拉克发动了信息战。美国在网络安全领域早就做了大量工作。2009年6月，美国国防部长就签署命令，正式成立网络司令部。2011年7月，美国

国防部公布《网络空间行动战略》，明确表示要有效打击针对美军的网络入侵。英美等发达国家的网络信息战实力，已在这次俄乌战争中现出冰山一角。

我军要打赢网络信息化条件下的局部战争，就必须提高基于网络信息系统的整体作战能力，防范可能的网络入侵和攻击，并具有必要的网络对抗能力。而所有这些能力的提高都需要大量网络安全专业高级人才。在网络信息战的军民界限越来越模糊的情况下，网络安全类专业的毕业生会越来越受欢迎。

➡➡公共安全对网络安全人才的需求

近年来，各国都深受网络犯罪之害，损失之大令人触目惊心。美国政府公布的一份国家安全报告认为，21世纪对美国安全威胁最严重的将是网络恐怖主义。为此，美国中央情报局成立了一个专门研究遏制网络犯罪的技术中心。

为了遏制各种形式的网络犯罪，世界各国公安部门必须尽快提升应对网络安全威胁的能力。至少要能通过合法监听得到通信内容，能对这些内容进行跟踪，搞清其来源与去向。在必要的条件下，还要能控制特定信息的传播等。为了满足这些需求，就得组建专门的网络安全警察队伍，就需要大量高素质的网络安全专业人才。

➡➡电子政务对网络安全人才的需求

电子政务是确保党政工作正常运转的关键基础设施。政务网中的信息密级高，对安全性的要求更高，更易成为全球黑客重点攻击的对象。特别是在计算机病毒泛滥、网络入侵普遍、数据失窃事件频发的环境下，政务网所面临的安全威胁更大。

某权威部门曾对全国政务网进行了为期一周的不间断全程全网监测，结果显示：仅仅在该周内，被篡改的政府网站数量就接近300个，被植入后门的政府网站数量也有数十个。政务网的整体安全情况确实不容乐观！

当前，我国政府部门业务的网络信息化覆盖率早已远远超过80%，海关、税务、公安、审计、国土、金融监管等重点领域业务网络的信息化覆盖率更超过90%，公安部、科技部、人民银行、审计署等部委的网络信息化覆盖率则已达到100%，省级政务部门的主要业务网络信息化覆盖率普遍超过75%。如此泛用的政府信息网络，当然会给网络安全带来巨大挑战。

一句话总结，电子政务的建设和维护，需要一支庞大的高水平网络安全保障队伍。电子政务的发展，必将带

动网络安全产业的发展,也对网络安全人才培养的质和量提出了更高要求。

➡➡电子商务对网络安全人才的需求

随着电子商务在各行各业的全面普及,相应的网络安全问题也变得越来越紧迫,毕竟网络安全直接涉及交易各方的经济利益。

据不完全统计,仅仅是在2023年,网上零售额就高达15.42万亿元,增长了11%,连续11年成为全球最大网络零售市场。此外,实物商品零售的网络销售额占比高达27.6%,创历史新高。网络服务消费新热点更加多元化,在线旅游、在线文娱和在线餐饮的销售额对网络零售的增长贡献率达到23.5%。涉农产品的网络零售额也超过3万亿元,其增速整体快于网络零售。另外,我国电子商务不仅在国内市场保持着强劲的增长势头,在国际合作方面也取得了显著进展,成为推动全球数字经济发展的重要力量。

然而,由于互联网自身的共享性和开放性,在线电子商务交易的安全问题越来越严重,各种黑客事件层出不穷。电子商务安全问题每年造成的经济损失高达千亿元,使得许多人因担心网上交易的安全性而不敢使用线上服务，从而严重制约了电子商务的健康发展。

解决电子商务的安全问题，不仅需要网络安全技术，还要对电子商务安全系统进行日常运维和管理，这些都需要大量的网络安全专业人才。

▶▶网络安全类专业的整体就业前景

对网络安全人才的需求，当然不会限于上述的军政、公安、电子政务和电子商务等领域。过去若干年来，我国网络安全专业的毕业生供不应求，就业指数几乎都居于前二十名，这就很客观地反映了网络安全专业的社会需求度和社会认可度。难怪教育部要将网络安全专业的人才培养纳入特殊行业紧缺人才培养计划、要在相关专业代码中标明"T"和"K"等字样。

根据权威机构的统计，过去若干年来全国网络安全本科专业的就业率远高于80%，其中211高校的就业率远高于85%。还有统计数据显示，网络安全专业的就业率，在热门的电子信息类专业中排名第一，在整个工学大类中的排名也在前十名左右。网络安全专业的就业指数一直保持在0.88左右，高于热门的电子、通信与自动控制等专业平均指数的0.78，更高于计算机科学技术类专

业平均指数的 0.65。

过去若干年来,网络安全类专业的人才需求一直呈上升趋势。尤其是政府、工商、税收、电信、银行、证券、保险、军队、公安、政法、社保、电力、能源、民航、交通、科教、信息等行业对网络安全人才的需求量更大,增长速度更快。每年的网络安全人才培养数量,几乎只占社会实际需求量的10%左右。人才缺口极大,供不应求的现象越来越突出。

随着我国信息化建设的全面推进,社会对安全需求分析、安全方案设计、安全风险评估和安全管理等岗位的人才需求还将大幅增长,预计整体就业需求将以年均14%的速度递增。

总之,无论是职业前景、受重视程度、提升空间,还是薪酬基数、薪酬增长预期等,网络安全相关职业都优于许多热门的信息行业工种。形象地说,网络安全专业毕业生的优势可概括为:资格证书硬、毕业人数少、需求部门多、用人单位牛、就业前景广等。

功业：网络安全的红黑代表

> 英雄造时势，时势造英雄。
>
> ——民间谚语

网络安全对抗，说到底其实是人与人之间的对抗。

下面简要介绍几位有代表性的名人及他们在网络安全方面的攻防故事。

▶▶图灵——二战密码破译立首功

1938年，当图灵回到剑桥大学国王学院任教，继续研究数理逻辑和计算理论时，二战爆发了。图灵的正常科研工作自然被打断了：1939年秋，他应召到英国外交部通信处从事军事项目，其主要任务就是破译敌方密码。

关于图灵在密码破译方面作出的巨大贡献，许多影

视、传记和小说都有精彩描绘,此处就不赘述了。但必须指出的是,英国首相丘吉尔曾在回忆录中说:"图灵作为破译恩尼格玛密码的英雄,他为盟军最终成功取得二战胜利,做出了巨大贡献。"更形象地说,在图灵未出山之前,英国被德国打得哭爹喊娘,几近灭国。待到图灵大显神通,弹指间破译了法西斯的主战密码后,被打得毫无还手之力的,就变成德国了!由于图灵在密码破译方面的突出成就,他获得了英国政府的最高奖——大英帝国荣誉勋章。

二战于1945年结束后,已是密码学家的图灵恢复了战前的计算机理论研究,并结合战时体会,试图研制出真正的计算机。于是,他来到英国国家物理研究所,开始自动计算机的逻辑设计和研制工作。这一年,他完成了一份长达50页的设计说明书。该说明书可不得了,它在保密了27年之后才正式公开。正是在这份说明书的指导下,英国才终于研制出了可实用的大型自动计算机。也是在这份说明书的指导下,人类才最终进入了计算机时代。因此,业界一致认为:通用计算机的概念源于图灵的自动计算机。图灵作为计算机科学之父,当之无愧。

1948年,图灵被聘为曼彻斯特大学高级讲师,并被指定为"自动数字计算机"的课题负责人。1949年,他又晋升为该校计算机实验室副主任,负责最早的、真正意义上的计算机"曼彻斯特一号"的软件理论开发。因此,图灵是把计算机实际用于数学研究的首位科学家。

1950年,是图灵的又一个丰收年!这一年,他提出了著名的"图灵测试",即若第三者无法辨别人类与机器的思辨差别,则可断言该机器具备人工智能。同年,他还提出机器思维的问题,引起了全球广泛关注,并产生了深远影响。这年十月,他发表了划时代作品《计算机器与智能》,从而毫无疑问地赢得了人工智能之父的桂冠。半个多世纪以来,随着人工智能的深入和普及,人们越来越认识到图灵的远见性和深刻性。实际上,图灵的思想至今仍是人工智能的灵魂。

可是,就在图灵的事业蒸蒸日上之际,灾难却突然从天而降。1952年,他本想大干一场,为人类文明再创辉煌,他甚至为此辞去了剑桥大学的职务,专心于曼彻斯特大学的计算机研制。但是,警方却突然以莫须有的罪名,对他进行起诉。他没有申辩,只是坚信"我没错!"

随后,可怜的图灵,人类几百年才出一个的天才图灵,不但失去了工作,更遭受了非人的迫害和悲惨的羞辱。甚至在社会生活中,他也成了过街老鼠,昔日名誉更

是荡然无存。1954年6月7日,年仅42岁的图灵,在其最辉煌的创造顶峰,在来不及发表更多、更具革命性的成就之前,被发现自杀于家中!

图灵去世半个世纪后,英国首相于2009年代表政府,向图灵正式道歉,承认当年图灵所受遭遇是"骇人听闻的"和"完全不公的",整个英国对图灵的亏欠是巨大的。2013年,英国女王也向图灵颁发了皇家赦免书,并向这位世纪伟人致敬,称赞他为"当今最伟大、最值得纪念的人物之一",还说"即使把所有崇高致意都奉献给他,其实也不为过"。2019年,图灵的肖像登上了面值50镑的英国纸币。

面对如此众多的真诚道歉和纪念,但愿图灵的在天之灵能稍微安息。

▶▶ 香农——现代密码学奠基者

都说香农是数学家、密码学家、计算机专家、人工智能学家、信息科学家等,但是,读完他的人生后,笔者总觉得他其实哪家都不是。若非要说他是什么"家"的话,宁愿说他是"玩家"。原来,他是标准的"游击队长",即那种"打一枪换一个地方"的游击队长。只不过,他"枪枪命中要害,处处开天辟地"!

先说香农在数学方面的成就吧。

香农20岁就从密歇根州立大学数学系毕业,并任麻省理工学院(MIT)数学助教。24岁获MIT数学博士学位,25岁加入贝尔实验室数学部。40岁重返MIT,任数学教授和名誉教授,直至2001年2月24日,以84岁高龄仙逝。他的代表作除了数学,还是数学。因此,可以说香农一生"吃的都是数学饭",当然可以算作数学家了。

在他22岁时,他竟然只用0、1两个数,仅靠一篇硕士论文,就把近百年前英国数学家布尔提出的布尔代数,完美地融入了电子电路的开关和继电器之中,使得过去需要"反复进行冗长实物线路检验和试错"的电路设计工作,简化成了直接的数学推理。于是,电子工程界的权威们,不得不将其硕士学位论文称赞为"可能是20世纪最重要、最著名的一篇硕士论文",并大张旗鼓地给他颁发了业界人人仰慕的"美国电子电气工程师学会奖"。

正当大家都以为"一个电子工程新星即将诞生"时,香农又进入了人类遗传学研究领域,并且,像变魔术一样,在两年后完成了MIT博士论文——《理论遗传学的代数学》。然后,他再次抛弃博士论文选题领域,摇身一

变,成了早期的机械模拟计算机元老,并于1941年发表了重要论文——《微分分析器的数学理论》。

接下来终于该说回密码了。小时候,香农就热衷于安装无线电收音机,痴迷于莫尔斯电报,还担任过中学信使,与保密通信早就结了缘。特别是一本破译神秘地图的推理小说《金甲虫》,在他幼小的心灵中播下了密码种子。

二战期间,他作为小组成员之一,参与了研发"数字加密系统"的工作,并为丘吉尔和罗斯福的越洋电话会议提供过密码保障。很快,他就脱颖而出,成了盟军的著名密码破译权威,并在"追踪和预警德国飞机、火箭对英国的闪电战"方面立下了汗马功劳。

战争结束了,按惯例他就该解甲归田了。可是,香农就是香农,他一会儿动如脱兔,一会儿又静若处子。这次,他一反常态,非要"咬定青山不放松"。他竟然一鼓作气,于1949年,把战争中的密码实践经验凝练提高,不但创立了信息论,还同时完成了现代密码学的奠基性论著——《保密系统的通信理论》,愣是活生生地将"保密通信"这门几千年来,一直都依赖"技术和工匠技巧"的"旁门左道",提升成了一门科学,而且还是以数学为灵魂的科学。他还严格证明了人类至今已知的、唯一的、牢不可破的密码——一次一密随机密码！

▶▶阿桑奇——维基解密创始人

被称为"黑客罗宾汉"的阿桑奇，创立了维基解密这个非常神秘的黑客组织。该组织的成员个个都是顶级黑客，都隐藏在世界各个角落，都在全力以赴收集各国政府的敏感信息，并将它们适时公之于众，让政府难堪。

早在2007年肯尼亚大选时，阿桑奇就通过维基解密揭露了一些政客的内幕。随即不断遭遇惊险。一天晚上他刚睡下，几名匪徒就闯进房间，命他趴在地上。幸好他及时叫来保安，才逃过一劫。从此以后，他就开始在全球漂泊，频繁搬家，足迹遍布肯尼亚、坦桑尼亚、澳大利亚、美国和欧洲各国，有时甚至一连几天待在机场。不过，阿桑奇并未停止其揭秘行动。2008年，他又公开了神秘的山达基教的保密手册，让教主无比愤怒。特别是在2010年7月26日，阿桑奇通过维基解密公布了9万多份驻阿美军的秘密文件，这使他瞬间成为全球焦点人物，也成为美国等多国政府千方百计想要除掉的"眼中钉"。

如何才能除掉阿桑奇呢？这是一个大问题。

一方面，现行法律很难发挥作用，毕竟阿桑奇的做法在某种程度上有其正当性。以至美国政府虽多次要求澳大利亚政府对阿桑奇进行监视，但都遭到了澳方拒绝，毕竟澳方政府也不能违法。

另一方面，阿桑奇还有很多护身符。除了拥有众多忠实支持者之外，阿桑奇甚至还公开威胁政府说，如果他遭到任何国家的逮捕或暗杀，他的支持者将公布更多的破坏性机密文件。

面对阿桑奇的疯狂挑衅，既然各国政府都无计可施，就只好使用美人计了。果然，很快就有女子举报阿桑奇涉嫌强奸。于是，瑞典检察长办公室迫不及待地向阿桑奇发出了通缉令，国际刑警组织也对阿桑奇发布了红色逮捕令，甚至在苏格兰机场布下天罗地网，意欲将他捉拿归案。

虽然后来警方不得不撤销了对阿桑奇的强奸指控，但从此以后，全球警方确实就开始对这位赤手空拳的超级黑客进行了为期近十年的围追堵截，其间的斗智斗勇过程之精彩绝不亚于任何谍战片。

在一番眼花缭乱的政治博弈后，美国政府终于如愿以偿，在 2024 年 6 月 26 日与阿桑奇达成了认罪协议。

伟业：展望未来的机会挑战

网络正在改变人类的生存方式。

——比尔·盖茨

学子和家长肯定都会关心网络安全专业的就业前景，但某些学子和家长可能还会关心网络安全的学术前景，关心能否在该领域做出青史留名的世界级成果。答案当然是肯定的，毕竟众多网络安全专家已经因获得图灵奖和沃尔夫奖而名扬天下了。下面将进一步列出网络安全的若干前沿性重大科研方向，希望优秀学子能抓住机会，迎接挑战。

▶▶网络安全的高峰等你攀

到目前为止，网络安全虽然主要是一门技术性学科，但这并不意味着它的学术深度不够。实际上，这正是网

络安全优秀人才开天辟地的大好机会。

➡➡安全统一理论待探究

在IT领域的既有学科中,除了网络安全之外,可能再也没有机会产生出像香农、图灵、冯·诺伊曼等"神一级人物"了。这不是说现在的专家们不够聪明,而是这些学科中,该有的核心统一基础理论都已经有了(比如,信息论、现代密码学、计算机体系结构理论等),余下的工作仅仅是研究如何把这些理论用好用足而已。

但是,反观网络安全领域,目前却是混沌未开:各种理论杂乱无章,各种技术龙争虎斗,各种观念相互矛盾,雕虫小技甚嚣尘上,大家都在忙于"头痛医头,足痛治足"。放眼望去,网络安全领域完全是一派"月朦胧,鸟朦胧"的景象。其情形与1949年之前的信息通信领域非常相似,那时整个通信界也是六神无主,电报、电话、电视等各自为政。直到神人香农合纵连横,创立信息论,才最终"灭诸侯,成帝业,为天下一统"!

表面上看,网络安全领域的这种群雄割据好像是坏事,其实,对国内专家来说,它不仅是一件好事,还是一件大好事。是百年难得的机遇,当然也是严峻的挑战。想想看,如果国内网络安全界,也能出一个"香农",也能像当年香农那样,创立一套"网络安全的统一基础理论",那么请问:谁敢说这样的成果不是世界一流的成果,谁敢说做出该成果的专家不是世界一流的专家,谁敢说该专家的学科不是世界一流学科,谁敢说该学科所在的大学不是世界一流的大学!

当然,像香农这种神人,是全世界几百年才出一个的奇才,我们不能随意假设他会再次现身。但是,香农当初创立信息论时也是站在巨人肩膀上的,也是基于前人的众多成果才完成的。即使不能像香农当年那样,用一篇区区数十页短文中的两个定理就点燃了整个信息通信界的指路明灯,但若能分阶段、过渡性地将网络空间安全领域整合得比较有序,那么作为暂时性的"世界一流"成果,也该是问心无愧的吧。

➡➡**网络攻防行为待预测**

天下武功,唯快不破! 该秘笈不但适用于武林,也适用于包括网络攻防在内的任何对抗性活动。

但在网络对抗中,代表正义的红客的起步始终会比黑客慢半拍,因为只有当某个用户发起攻击后,他才能被认定为黑客,才能对他进行反制。于是,在与黑客的博弈过程中,在不能比黑客更快的情况下,如何才能战胜黑客

呢？答案只有两个字：预测！

黑客的行为能被预测吗？从理论上看，答案是肯定的，为此需要认真研究博弈系统论。从实践角度看，此问题的解决还任重道远！

为了更加形象地说明问题，先来回忆一下导弹打飞机的过程。在广阔天空中，即使是在其射程内，你也很难用步枪把飞机打掉，因为当你瞄准飞机并扣动扳机，子弹射向飞机的原来位置时，飞机也在移动甚至有意躲避攻击，并早已离开了你曾经瞄准的弹道。但是如果是用导弹去打飞机，那么导弹在射出之前，就已经将目标信息存储在其记忆系统中。导弹在射出之后，它会不断地、迅速地根据飞机的当前位置，及时获得反馈信息。然后，根据该反馈，导弹会对自己的飞行方向进行微调。每次反馈与每次微调合在一起，就形成了一个迭代过程。最后，经过多次迭代，导弹将越来越靠近目标，并最终将其击毁。

在导弹打飞机的过程中，如果"反馈"被切断（如反馈信号被敌方干扰），那么导弹攻击就可能失败。如果"微调"不及时（如时间间隔太长或调整幅度过大），或"迭代"的频率过低（如反应不迅速），那么导弹也可能脱靶。因此，导弹精准度的改进，关键就是优化由"反馈＋微调＋

迭代"组成的赛博链。总之,只要反馈足够及时,微调足够细致,迭代足够迅速,那么导弹几乎就能击中目标飞机,甚至可以击中一个有意逃跑的目标导弹。当然,导弹袭击的目标也可以是静止的,这时成功的可能性就更大。

如果将黑客比喻为飞机,将我方比喻为导弹,将我方对黑客行为的预测误差比喻为飞机与导弹之间的距离,那么当该误差等于零(或误差小于可接受的值,相当于误差小于导弹的爆炸范围)时,就可理解为飞机被击中了,即黑客的行为被我方精准预测了。随后当然就能让黑客处于极端不利的败战中。其实,对于任何预定的量化指标,比如黑客所造成的经济损失等,都可用上述"反馈+微调+迭代"组成的赛博链来紧紧咬住黑客。只要我方的反馈足够快,微调足够细,迭代足够多,就能最终使得相应的预测误差从大变小,直到最终逼近于零或小于预定值。

➡➡社会工程空白待填补

网络安全的所有问题,都归因于人!

可惜,在过去数十年里,全球网络安全专家们,大多忙于技术对抗,来不及研究心理学在网络安全中的作用。很多人片面地把网络看成一个由硬件和软件组成的冷血

系统，认为可以通过不断的软件升级、硬件加固、严防死守等办法来保障网络安全；却忽略了那个最重要、最薄弱的关键环节：热血的人！

完整地看，只有将软件、硬件和人三者结合在一起来考虑，才可能形成一个闭环。只有保证了这个闭环的整体安全，才能真正建成有效的安全保障体系。其中，人既是最坚强的，也是最脆弱的。更明白地说，硬件和软件其实是没有天敌的，只要不断地水涨船高，总能够解决已有的软硬件安全问题。但是，人却是有天敌的。

所谓人的天敌，就是以心理学为主要理论基础的社会工程学，它的每一招对所有人都有效；而且每一招还都不会过时，都长期具有杀伤力。旧招不但不会被淘汰，新招还会层出不穷。随着社会信息化步伐的加快，人性的缺陷和漏洞将暴露得越来越多，当然就会被社会工程学"揍"得越来越惨。

针对任何具体的安全事件，只要搞清了黑客、红客和用户这三种人的安全行为，那么网络的安全威胁就明白了！而人的任何行为——包括安全行为——都取决于其心理。所以，网络安全的根本核心，就藏在人的心里。必须依靠社会工程学来揭示网络安全的人心奥秘！

▶▶人工智能安全新问题

蓬勃发展的 AI 在造福人类的同时,也带来了若干新型网络安全问题。它们既是挑战,更是机会。典型的 AI 安全问题主要有:

• 毒害模型。让大模型中毒,从而操纵机器学习的结果。比如,黑客将恶意数据注入模型中,使模型做出错误的分类,导致错误判断。

• 隐私泄露。AI 依赖于海量数据的学习和推理,这些数据可能包含敏感信息,如用户隐私、商业机密等。若系统存在安全漏洞,黑客便可能使用恶意软件,窃取或滥用这些海量敏感数据。

• 数据篡改。AI 系统需要基于大量的数据进行决策,若这些数据被恶意篡改或被恶意操纵,其后果将不堪设想。

• 模型对抗。攻击者在输入数据中添加精心设计的噪声或扰动,使 AI 模型产生错误的输出。这种攻击方式可影响图像识别、语音识别、自然语言处理等多种应用领域,威胁 AI 系统的准确性和可靠性等。

• 深度伪造。通过深度伪造技术,可让 AI 生成虚假

的音视频内容,实施网络诈骗,传播恶意内容,伪造虚假身份等。

• 决策不公。AI系统所带的先天偏见,可能在决策过程中导致严重倾向性。例如,在信贷评估过程中,AI的偏见可能导致部分群体受歧视。

• 滥用智能。AI可能被用于智能攻击、病毒分发、网络造谣、舆论误导等非法或恶意目的,威胁社会的稳定性。

参考文献

[1] 杨义先,钮心忻.安全简史[M].北京:电子工业出版社,2017.

[2] 杨义先,钮心忻.安全通论[M].北京:电子工业出版社,2018.

[3] 杨义先,钮心忻.网络安全三十六计[M].北京:电子工业出版社,2024.

[4] 杨义先,钮心忻.黑客心理学[M].北京:电子工业出版社,2019.

[5] 杨义先,钮心忻.密码简史[M].北京:电子工业出版社,2020.

[6] 杨义先,钮心忻.博弈系统论[M].北京:电子工业出版社,2019.

[7] 杨义先,钮心忻.社会工程学原理[M].北京:电子

工业出版社,2024.

[8] 杨义先,钮心忻.通信简史[M].北京:人民邮电出版社,2020.

[9] 杨义先,钮心忻.中国科技100个伟大瞬间[M].合肥:安徽科技出版社,2024.

[10] 杨义先,钮心忻.羚羚带你看科技——信息与通信（汉藏对照）[M].西宁:青海人民出版社,2023.

[11] 杨义先,钮心忻.科学家列传[M].北京:人民邮电出版社,2021.

[12] 杨义先,钮心忻.中国古代科学家列传[M].北京:人民邮电出版社,2021.

[13] 杨义先,钮心忻.通信那些事儿[M].北京:人民邮电出版社,2022.

[14] 杨义先,钮心忻.数学家那些事儿[M].北京:人民邮电出版社,2022.

[15] 杨义先,钮心忻.人工智能未来简史[M].北京:电子工业出版社,2022.

跋

曾经,战场是战场,网络是网络;战场上硝烟弥漫,网络中暗流涌动。

如今,战场就是网络,准确地说,战场就是网络的网络。这些彼此互联的网络包括但不限于各种通信网、控制网、情报网、智能网、电力网以及传统军需保障网等。战争的目的除了传统的攻城和杀敌之外,已经越来越多地转向了对战场上的各种网络系统进行软杀伤和远程控制等。

相对的,网络也迅速变为战场。这一点如今已表现得越来越明显,而且还将永远持续下去。实际上,即使是在和平时期,网络战争也在每年365天、每天24小时不

间断进行着。其中,既有国家之间的对抗,也有集团之间的对抗,还有黑客个人之间或个人与集团之间的对抗,更有黑客个人与国家之间的非对称对抗。

曾经,攻城略地是战争的目的,而网络控制与火力压制等却只是战争的手段。

在不远的将来,战争的目的和手段可能会来一个彻底颠倒:网络控制变成了目的,而枪炮和攻城略地等则只是手段,而且还可能只是越来越次要的手段。换句话说,今后若能控制对方的网络系统,基本上就等于控制了对方的一切,其效益和文明程度都远远高于传统的大规模攻城略地。

既然网络与战场不再分家,既然战士和黑客难分彼此,既然战争的重心正在发生剧烈变化,由昔日的控制领土和居民转变为今天的控制网络和信息,那么传统的战争策略也该有相应的调整,至少应该与黑客的攻防思路进行及时嫁接而不是简单的机械式拼接,毕竟现实世界与网络世界之间确实存在着若干实质性区别。

既然网络攻防已经由民间行为升格为国家行为,既然信息武器已经成为保卫国家安全的撒手锏,既然信息战已开始变得越来越重要,甚至在不远的将来,国家间的冲突可能将由硬杀伤为主变成软杀伤为主,那么,过去民间网络对抗的小打小闹策略也该有相应的调整和加强,至少应该尽早出现能与相关传统兵法相媲美的网络对抗兵法,尽早出现大规模网络控制的战略对策。

总之,本书既想尽可能多地把优秀学子吸引到网络安全专业中来,也想就网络安全知识,对学子和家长等进行一次全民和全年龄段的科普。本书既适用于普通网民,也适用于志在成为网络安全专家的后起之秀,毕竟在当今这个机遇与风险并存的时代,每个人都该多多少少地掌握一些网络安全基本知识,否则就很可能沦为全球黑客的猎物。

"走进大学"丛书书目

什么是地质？	殷长春	吉林大学地球探测科学与技术学院教授（作序）
	曾 勇	中国矿业大学资源与地球科学学院教授
		首届国家级普通高校教学名师
	刘志新	中国矿业大学资源与地球科学学院副院长、教授
什么是物理学？	孙 平	山东师范大学物理与电子科学学院教授
	李 健	山东师范大学物理与电子科学学院教授
什么是化学？	陶胜洋	大连理工大学化工学院副院长、教授
	王玉超	大连理工大学化工学院副教授
	张利静	大连理工大学化工学院副教授
什么是数学？	梁 进	同济大学数学科学学院教授
什么是统计学？	王兆军	南开大学统计与数据科学学院执行院长、教授
什么是大气科学？	黄建平	中国科学院院士
		国家杰出青年科学基金获得者
	刘玉芝	兰州大学大气科学学院教授
	张国龙	兰州大学西部生态安全协同创新中心工程师
什么是生物科学？	赵 帅	广西大学亚热带农业生物资源保护与利用国家重点实验室副研究员
	赵心清	上海交通大学微生物代谢国家重点实验室教授
	冯家勋	广西大学亚热带农业生物资源保护与利用国家重点实验室二级教授
什么是地理学？	段玉山	华东师范大学地理科学学院教授
	张佳琦	华东师范大学地理科学学院讲师
什么是机械？	邓宗全	中国工程院院士
		哈尔滨工业大学机电工程学院教授（作序）
	王德伦	大连理工大学机械工程学院教授
		全国机械原理教学研究会理事长
什么是材料？	赵 杰	大连理工大学材料科学与工程学院教授

什么是金属材料工程？
　　　　　　　　王　清　　大连理工大学材料科学与工程学院教授
　　　　　　　　李佳艳　　大连理工大学材料科学与工程学院副教授
　　　　　　　　董红刚　　大连理工大学材料科学与工程学院党委书记、教授(主审)
　　　　　　　　陈国清　　大连理工大学材料科学与工程学院副院长、教授(主审)
什么是功能材料？
　　　　　　　　李晓娜　　大连理工大学材料科学与工程学院教授
　　　　　　　　董红刚　　大连理工大学材料科学与工程学院党委书记、教授(主审)
　　　　　　　　陈国清　　大连理工大学材料科学与工程学院副院长、教授(主审)
什么是自动化？　王　伟　　大连理工大学控制科学与工程学院教授
　　　　　　　　　　　　　国家杰出青年科学基金获得者(主审)
　　　　　　　　王宏伟　　大连理工大学控制科学与工程学院教授
　　　　　　　　王　东　　大连理工大学控制科学与工程学院教授
　　　　　　　　夏　浩　　大连理工大学控制科学与工程学院院长、教授
什么是计算机？　嵩　天　　北京理工大学网络空间安全学院副院长、教授
什么是网络安全？
　　　　　　　　杨义先　　北京邮电大学网络空间安全学院教授
　　　　　　　　钮心忻　　北京邮电大学网络空间安全学院教授
什么是人工智能？江　贺　　大连理工大学人工智能大连研究院院长、教授
　　　　　　　　　　　　　国家优秀青年科学基金获得者
　　　　　　　　任志磊　　大连理工大学软件学院教授
什么是土木工程？
　　　　　　　　李宏男　　大连理工大学土木工程学院教授
　　　　　　　　　　　　　国家杰出青年科学基金获得者
什么是水利？　　张　弛　　大连理工大学建设工程学部部长、教授
　　　　　　　　　　　　　国家杰出青年科学基金获得者
什么是化学工程？
　　　　　　　　贺高红　　大连理工大学化工学院教授
　　　　　　　　　　　　　国家杰出青年科学基金获得者
　　　　　　　　李祥村　　大连理工大学化工学院副教授
什么是矿业？　　万志军　　中国矿业大学矿业工程学院副院长、教授
　　　　　　　　　　　　　入选教育部"新世纪优秀人才支持计划"
什么是纺织？　　伏广伟　　中国纺织工程学会理事长(作序)
　　　　　　　　郑来久　　大连工业大学纺织与材料工程学院二级教授

什么是轻工？	石　碧	中国工程院院士
		四川大学轻纺与食品学院教授（作序）
	平清伟	大连工业大学轻工与化学工程学院教授
什么是海洋工程？		
	柳淑学	大连理工大学水利工程学院研究员
		入选教育部"新世纪优秀人才支持计划"
	李金宣	大连理工大学水利工程学院副教授
什么是海洋科学？		
	管长龙	中国海洋大学海洋与大气学院名誉院长、教授
什么是船舶与海洋工程？		
	张桂勇	大连理工大学船舶工程学院院长、教授
		国家杰出青年科学基金获得者
	汪　骥	大连理工大学船舶工程学院副院长、教授
什么是航空航天？		
	万志强	北京航空航天大学航空科学与工程学院副院长、教授
	杨　超	北京航空航天大学航空科学与工程学院教授
		入选教育部"新世纪优秀人才支持计划"
什么是生物医学工程？		
	万遂人	东南大学生物科学与医学工程学院教授
		中国生物医学工程学会副理事长（作序）
	邱天爽	大连理工大学生物医学工程学院教授
	刘　蓉	大连理工大学生物医学工程学院副教授
	齐莉萍	大连理工大学生物医学工程学院副教授
什么是食品科学与工程？		
	朱蓓薇	中国工程院院士
		大连工业大学食品学院教授
什么是建筑？	齐　康	中国科学院院士
		东南大学建筑研究所所长、教授（作序）
	唐　建	大连理工大学建筑与艺术学院院长、教授
什么是生物工程？	贾凌云	大连理工大学生物工程学院院长、教授
		入选教育部"新世纪优秀人才支持计划"
	袁文杰	大连理工大学生物工程学院副院长、副教授

什么是物流管理与工程？
　　　　　　　　刘志学　华中科技大学管理学院二级教授、博士生导师
　　　　　　　　刘伟华　天津大学运营与供应链管理系主任、讲席教授、博士生导师
　　　　　　　　　　　　国家级青年人才计划入选者
什么是哲学？　　林德宏　南京大学哲学系教授
　　　　　　　　　　　　南京大学人文社会科学荣誉资深教授
　　　　　　　　刘　鹏　南京大学哲学系副主任、副教授
什么是经济学？　原毅军　大连理工大学经济管理学院教授
什么是数字贸易？
　　　　　　　　马述忠　浙江大学中国数字贸易研究院院长、教授（作序）
　　　　　　　　王群伟　南京航空航天大学经济与管理学院院长、教授
　　　　　　　　马晓平　南京航空航天大学经济与管理学院副教授
什么是经济与贸易？
　　　　　　　　黄卫平　中国人民大学经济学院原院长
　　　　　　　　　　　　中国人民大学教授（主审）
　　　　　　　　黄　剑　中国人民大学经济学博士暨世界经济研究中心研究员
什么是社会学？　张建明　中国人民大学党委原常务副书记、教授（作序）
　　　　　　　　陈劲松　中国人民大学社会与人口学院教授
　　　　　　　　仲婧然　中国人民大学社会与人口学院博士研究生
　　　　　　　　陈含章　中国人民大学社会与人口学院硕士研究生
什么是民族学？　南文渊　大连民族大学东北少数民族研究院教授
什么是公安学？　靳高风　中国人民公安大学犯罪学学院院长、教授
　　　　　　　　李姝音　中国人民公安大学犯罪学学院副教授
什么是法学？　　陈柏峰　中南财经政法大学法学院院长、教授
　　　　　　　　　　　　第九届"全国杰出青年法学家"
什么是教育学？　孙阳春　大连理工大学高等教育研究院教授
　　　　　　　　林　杰　大连理工大学高等教育研究院副教授
什么是小学教育？刘　慧　首都师范大学初等教育学院教授
什么是体育学？　于素梅　中国教育科学研究院体育美育教育研究所副所长、研究员
　　　　　　　　王昌友　怀化学院体育与健康学院副教授
什么是心理学？　李　焰　清华大学学生心理发展指导中心主任、教授（主审）
　　　　　　　　于　晶　辽宁师范大学教育学院教授

什么是中国语言文学？
　　　　　　　　赵小琪　广东培正学院人文学院特聘教授
　　　　　　　　　　　　武汉大学文学院教授
　　　　　　　　谭元亨　华南理工大学新闻与传播学院二级教授
什么是新闻传播学？
　　　　　　　　陈力丹　四川大学讲席教授
　　　　　　　　　　　　中国人民大学荣誉一级教授
　　　　　　　　陈俊妮　中央民族大学新闻与传播学院副教授
什么是历史学？张耕华　华东师范大学历史学系教授
什么是林学？　张凌云　北京林业大学林学院教授
　　　　　　　　张新娜　北京林业大学林学院副教授
什么是动物医学？
　　　　　　　　陈启军　沈阳农业大学校长、教授
　　　　　　　　　　　　国家杰出青年科学基金获得者
　　　　　　　　　　　　"新世纪百千万人才工程"国家级人选
　　　　　　　　高维凡　曾任沈阳农业大学动物科学与医学学院副教授
　　　　　　　　吴长德　沈阳农业大学动物科学与医学学院教授
　　　　　　　　姜　宁　沈阳农业大学动物科学与医学学院教授
什么是农学？　陈温福　中国工程院院士
　　　　　　　　　　　　沈阳农业大学农学院教授（主审）
　　　　　　　　于海秋　沈阳农业大学农学院院长、教授
　　　　　　　　周宇飞　沈阳农业大学农学院副教授
　　　　　　　　徐正进　沈阳农业大学农学院教授
什么是植物生产？
　　　　　　　　李天来　中国工程院院士
　　　　　　　　　　　　沈阳农业大学园艺学院教授
什么是医学？　任守双　哈尔滨医科大学马克思主义学院教授
什么是中医学？贾春华　北京中医药大学中医学院教授
　　　　　　　　李　湛　北京中医药大学岐黄国医班（九年制）博士研究生
什么是法医学？丛　斌　中国工程院院士
　　　　　　　　　　　　河北医科大学法医学院院长、教授（主审）
　　　　　　　　李淑瑾　河北医科大学法医学院常务副院长、二级教授
什么是口腔医学？
　　　　　　　　韩向龙　四川大学华西口腔医学院院长、教授（主审）
　　　　　　　　张凌琳　四川大学华西口腔医学院口腔内科学系主任、教授

什么是公共卫生与预防医学？
　　　　　　　刘剑君　中国疾病预防控制中心副主任、研究生院执行院长
　　　　　　　刘　珏　北京大学公共卫生学院研究员
　　　　　　　么鸿雁　中国疾病预防控制中心研究员
　　　　　　　张　晖　全国科学技术名词审定委员会事务中心副主任
什么是药学？尤启冬　中国药科大学药学院教授
　　　　　　郭小可　中国药科大学药学院副教授
什么是护理学？姜安丽　海军军医大学护理学院教授
　　　　　　　周兰姝　海军军医大学护理学院教授
　　　　　　　刘　霖　海军军医大学护理学院副教授
什么是管理学？齐丽云　大连理工大学经济管理学院副教授
　　　　　　　汪克夷　大连理工大学经济管理学院教授
什么是图书情报与档案管理？
　　　　　　　李　刚　南京大学信息管理学院教授
什么是电子商务？李　琪　西安交通大学经济与金融学院二级教授
　　　　　　　　彭丽芳　厦门大学管理学院教授
什么是工业工程？郑　力　清华大学副校长、教授（作序）
　　　　　　　　周德群　南京航空航天大学经济与管理学院院长、二级教授
　　　　　　　　欧阳林寒　南京航空航天大学经济与管理学院研究员
什么是艺术学？梁　玖　北京师范大学艺术与传媒学院教授
什么是戏剧与影视学？
　　　　　　　梁振华　北京师范大学文学院教授、影视编剧、制片人
什么是设计学？李砚祖　清华大学美术学院教授
　　　　　　　朱怡芳　中国艺术研究院副研究员
什么是有机化学？
　　　　　　　［英］格雷厄姆·帕特里克（作者）
　　　　　　　　　　西苏格兰大学有机化学和药物化学讲师
　　　　　　　刘　春（译者）
　　　　　　　　　　大连理工大学化工学院教授
　　　　　　　高欣钦（译者）
　　　　　　　　　　大连理工大学化工学院副教授

什么是晶体学？　[英]A. M. 格拉泽(作者)
　　　　　　　　　牛津大学物理学荣誉教授
　　　　　　　　　华威大学客座教授
　　　　　　刘　涛(译者)
　　　　　　　　　大连理工大学化工学院教授
　　　　　　赵　亮(译者)
　　　　　　　　　大连理工大学化工学院副研究员

什么是三角学？　[加]格伦·范·布鲁梅伦(作者)
　　　　　　　　　奎斯特大学数学系协调员
　　　　　　　　　加拿大数学史与哲学学会前主席
　　　　　　雷逢春(译者)
　　　　　　　　　大连理工大学数学科学学院教授
　　　　　　李风玲(译者)
　　　　　　　　　大连理工大学数学科学学院教授

什么是对称学？　[英]伊恩·斯图尔特(作者)
　　　　　　　　　英国皇家学会会员
　　　　　　　　　华威大学数学专业荣誉教授
　　　　　　刘西民(译者)
　　　　　　　　　大连理工大学数学科学学院教授
　　　　　　李风玲(译者)
　　　　　　　　　大连理工大学数学科学学院教授

什么是麻醉学？　[英]艾登·奥唐纳(作者)
　　　　　　　　　英国皇家麻醉师学院研究员
　　　　　　　　　澳大利亚和新西兰麻醉师学院研究员
　　　　　　毕聪杰(译者)
　　　　　　　　　大连理工大学附属中心医院麻醉科副主任、主任医师
　　　　　　　　　大连市青年才俊

什么是药品？　　[英]莱斯·艾弗森(作者)
　　　　　　　　　牛津大学药理学系客座教授
　　　　　　　　　剑桥大学 MRC 神经化学药理学组前主任
　　　　　　程　昉(译者)
　　　　　　　　　大连理工大学化工学院药学系教授

张立军（译者）
　　大连市第三人民医院主任医师、专业技术二级教授
　　"兴辽英才计划"领军医学名家

什么是哺乳动物？
　　［英］T. S. 肯普（作者）
　　　　牛津大学圣约翰学院荣誉研究员
　　　　曾任牛津大学自然历史博物馆动物学系讲师
　　　　牛津大学动物学藏品馆长
　　田　天（译者）
　　　　大连理工大学环境学院副教授
　　王鹤霏（译者）
　　　　国家海洋环境监测中心工程师

什么是兽医学？［英］詹姆斯·耶茨（作者）
　　　　英国皇家动物保护协会首席兽医官
　　　　英国皇家兽医学院执业成员、官方兽医
　　马　莉（译者）
　　　　大连理工大学外国语学院副教授

什么是生物多样性保护？
　　［英］大卫·W. 麦克唐纳（作者）
　　　　牛津大学野生动物保护研究室主任
　　　　达尔文咨询委员会主席
　　杨　君（译者）
　　　　大连理工大学生物工程学院党委书记、教授
　　　　辽宁省生物实验教学示范中心主任
　　张　正（译者）
　　　　大连理工大学生物工程学院博士研究生
　　王梓丞（译者）
　　　　美国俄勒冈州立大学理学院微生物学系学生